新しい教養のための

生　物　学

（改訂版）

赤坂 甲治 著

裳　華　房

New Basic Biology

revised edition

by

Koji AKASAKA

SHOKABO
TOKYO

はじめに

　生物は，環境の中で他と自己を区別し，自己の存在を維持している。また，より生存に適した環境を求め，他の生物や同種と競争したり共存したり，隙があれば，他の生命を略奪して自己の生存のために利用する。さらには，進化することにより，しのぎを削っていた競争に打ち勝ち，あるいは他の生物が生きられないような極限状態にまで生息範囲を広げ，子孫を増やし繁栄しようとし続けている。人も，生まれて成長し，子をつくり，死ぬまで社会とかかわり，さまざまな出来事に遭遇し，直面した問題への対応に迫られる。人のからだの問題や，人と人とのかかわり合い，社会の組織と組織，国と国とのかかわり合い，他の生物や地球環境とのかかわり合いの問題は，生物学の視点で科学的に見ると理解しやすく，解決の糸口も見えてくる。人は，生物の一員であり，生物のしくみの中で生きているからである。

　現在，地球上に生息する生物は，生命が誕生してから，一度も生命の連続性を絶やしたことがない。巨大隕石の衝突，火山の大規模爆発，異常な温暖化や全球凍結など，たび重なる極限状態にも耐えて命をつないでいる。大腸菌であろうと，人であろうと，その意味で地球上の生物はすべて成功しているといえる。次の時代に生き残る種はどれだろう。絶滅する種はどれだろうか。人類はどうだろうか。今この瞬間にも，絶滅する種があり，一方，進化により新しい種が出現している。いずれにしても，たった1つの共通祖先をもつ生物は，多様な環境に適応して，多様な姿を獲得し，命をつないでいる。40億年も命をつないできた強靭な生命力のしくみはどこにあるのだろうか。

　生命体は分子からできている。分子そのものは生命活動を営むわけではないが，多くの種類の分子が協同することにより，生命体となる。分子は分子同士が結合して一定の機能をもつ複合体を形成する。生命活動は，分子の視点でタンパク質をとらえると，思いがけないほど理解しやすくなる。タンパク質は情報を認識し，情報を他のタンパク質に伝える。また，タンパク質は物理的な力を発揮したり，特定の物質を運搬したり，異物を認識して排除したり，さまざまな場面で生命活動の中心的役割を果たしている。溶液の中のタンパク質は分子間で結合し，1種類のタンパク質のみが高濃度に存在するならば，結晶化する。複数種類のタンパク質も相互作用により結合して安定化し，複合体となる。どのような複合体になるかは，各々の種類のタンパク質の濃度に依存する。複合体の機能は，複合体を構成するタンパク質の組合せによって異なる。遺伝子の数は限られており，そこから合成されるタンパク質の種類も限られるが，タンパク質が組み合わさって構成される複合体の種類ははるかに多くなる。したがって，多くのさまざまな生命活動を担うことが可能になる。タンパク質が情報を認識し，情報を伝えるしくみ，

その情報を受け取って，生命体が応答するしくみはどのようであろうか。タンパク質の複合体にその答えはある。

　本書は，分子の視点から出発して，生物の戦略の概念を理解し，その概念をもとに，人体，病気，環境，進化，社会を理解することを目的とする。そのため，必要な知識のポイントを押さえつつ，専門書のように数式を用いたり厳密な論理を展開したりするのではなく，普通の人間の感性で理解できる表現を用いる。また，本文は最も基本的な内容に限り，発展的な内容はコラムまたは参考とした。

　本書は 2017 年の初版刊行以来，幸いにも多くの大学などで教科書として採用されてきた。このたびの改訂では，次世代シーケンサーや，再生医療で活躍する間葉系幹細胞など，めざましく進歩するバイオテクノロジーを随所に記載した。また，呼吸と光合成，免疫，神経の興奮伝達，生物多様性，進化のしくみの内容を充実させた。本書で学んだ生物学の基本概念を，健康で平和で豊かで持続的な人間社会を築くために役立てていただきたいと願っている。最後に，本書の出版にあたってねばり強くご尽力下さった編集部の野田昌宏氏に，深く感謝いたします。

2023 年 10 月

赤 坂 甲 治

本書では下記に著者による自習用講義動画が用意されています。

（字幕付き）

自習用講義動画リスト
https://www.shokabo.co.jp/author/5246/self-study-newbio.html

目　　次

1章　生体を構成する物質

2章　タンパク質の立体構造と機能

3章　細胞の構造

4章　酵　素

5章　代　謝

6章　さまざまな生命活動にかかわるタンパク質

7章　細胞分裂と細胞周期

8章　遺　伝　子

9章　遺伝子操作

13章　環境応答

14章　生命を支える地球環境

15章　生物の系統分類と進化

（写真提供：photolibrary）

コラム・参考（囲み記事）

1章 生体を構成する物質

生物は物質でできており，物質が生命活動を担っている。生体を構成する物質は，宇宙を構成する大部分の物質とは性質が大きく異なる。生体の物質にはどのようなものがあるのだろうか。その物質が，どのようにはたらきあって細胞を構成し，生命活動を営むのだろうか。

1.1 生物の定義

生物は地球にあり，地球は宇宙の中にある。したがって，生物も宇宙の一部である。宇宙は誕生以来，無秩序な方向に向かっている。無秩序に向かう宇宙の中で，生物はどのように秩序を保っているのだろうか。秩序を保つには，非生命体と生命体との間に何らかの仕切りがなければならない。生命は海で生まれた。生命活動は，水溶液の中で起こる化学反応ととらえることができる。水の環境の中で，生命体はどのように維持されているのだろうか。生物を定義する要件を見ていこう（表1·1）。

すべての生物は，**細胞**とよばれる小さな部屋状の構造をもつ。大腸菌やアメーバのような単細胞生物も，ヒトや植物のイネなどの多細胞生物も，細胞を基本単位としている。細胞は，外界との境に**脂質二重層**（☞ p6）とよばれる膜をもっており，これを**細胞膜**という。なぜ脂質が水の中で膜をつくることができるかについては，後述する（☞ p6）。生命活動にはエネルギーが必要である。環境から細胞の内部にエネルギーを投入すると，秩序を保つことができる。動物ならば，有機物を摂取し，分解する際に発生する化学エネルギーを用いて，生物のエネルギー通貨 ATP（☞ p25）を合成し，ATP の化学エネルギーを利用して生命活動を行う。植物ならば，吸収した光エネルギーを ATP の化学エネルギーに変換し，

表1·1 生物の定義（共通の祖先が獲得したしくみと性質）

1.	脂質二重層からなる膜で囲まれた細胞を単位とする
2.	ATP を合成し，ATP のエネルギーを利用して生命活動を行う
3.	DNA の情報によって自己複製する
4.	外界の刺激を受容し，応答する
5.	進化する

ATP のエネルギーを利用して生命活動を行う。なお，動物や大腸菌などのように，栄養源として体外から取り入れた有機物に依存する生物を**従属栄養生物**といい，植物などのように無機物から有機物を合成できる生物を**独立栄養生物**という。

　大腸菌からは大腸菌が生じ，ヒトからはヒトが生まれるように，生物は**自己を複製**する。自己複製には DNA の遺伝情報が用いられる。生物は，外界から刺激を受け取り，**刺激に応答**する。たとえば，動物ならば獲物を追いかけ，捕らえる。イネは昼の時間が短くなることを感じて，花を咲かせる。また，生物は 40 億年の歴史の中で，単純な生物から複雑で高度な機能をもつ生物を**進化**させてきた。これらのすべてを満たしているのが生物である。生物の定義が存在するのは，生物の共通の祖先が，これらのしくみを獲得し，そのしくみの原理を変えることなく現在に至っているからである。気の遠くなるような長い時間，生命のしくみの原理を変えなかったのは，獲得したしくみが奇跡とも言えるほど優れていたことと，人類までも生み出す多様な生物の進化を可能にしたからである。

コラム 1.1　宇宙の法則に逆らう生物

　生物は地球の一部であり，地球は宇宙の中にある。生命体は物質でできており，生命は宇宙の物理の法則に則って営まれている。宇宙の最も重要な法則の一つを，身近な表現にすると「宇宙が誕生して以来，絶え間なく拡散し無秩序な方向に向かっている」である。水にインクをたらせば，やがて拡散し，均一になる。もし，水溶液からインクの色素だけを集めようとするならば，エネルギーが必要である。形あるものはやがて風化し，土になる。整頓された部屋は，暮らしているうちに散らかる。整頓するにはエネルギーが要る。生物も同じ環境にある。生物も死ねば，宇宙の法則にしたがい，朽ちて土になる。しかし，生きている間は，形を保ち，生命活動を営んでおり，成長し，子孫を残し，命をつないでいる。

1.2　生物の階層性

　生物は，分子，細胞，組織，器官，個体，個体群，生態系というように，階層構造をもつものとしてとらえることができる。

　分子が複合体をつくると，**細胞**が形成され，同じ種類の細胞が集まると筋組織や結合組織などの**組織**が形成される（図 1·1）。さらに，組織が組み合わさると，心臓や肝臓のような**器官**が形成される。器官が統合されると**個体**が形成され，同じ種の個体が集まると**個体群**となり，他の生物種など自然環境を含めた**生態系**の一員となる。生物はそれぞれの階層の中で，細胞と細胞，組織と組織，同種個体間，環境と相互に影響しあいながら生きている。

1.3　生体を構成する元素

　生物を構成する**主要元素**を質量%でなく存在度（原子の数の%）で示すと，ヒトでは水素（H）62.9%，酸素（O）25.6%，炭素（C）9.4%，窒素（N）1.4%であり，

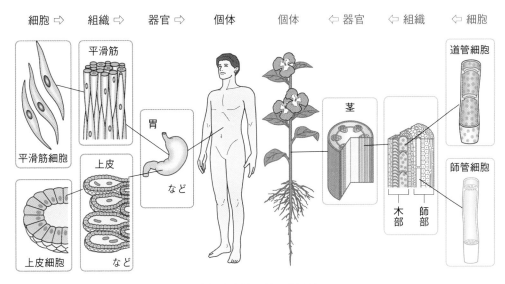

細胞 ⇨　組織 ⇨　器官 ⇨　個体　　　　個体　⇦ 器官　⇦ 組織　⇦ 細胞

図 1·1　多細胞生物の体の階層性

　これらは全体の約 99.3％ を占める。水素と酸素の含有量が多いのは，体の 70％ を水（H_2O）が占めているからである。炭素は有機物の主要な構成要素であり，窒素はタンパク質を構成するアミノ酸や DNA などの核酸に含まれる。**準主要元素**
submajor element
としてカルシウム（Ca）0.3％，リン（P）0.2％，硫黄（S）0.06％，ナトリウム（Na）0.04％，カリウム（K）0.03％，塩素（Cl）0.03％，マグネシウム（Mg）0.01％がある。他に，**微量元素**として鉄（Fe），亜鉛（Zn）などがあり，これらは生命活
trace element
動に必須のため，**必須元素**とよばれる。
essential element

コラム 1.2　生物は炭素の含量が多い

　生物は分子から構成されている。分子そのものは，生命ではない。その分子が生命をつくり，生命の共通の祖先から進化により生じた人類は，宇宙の始まりや，生命の始まりまで論理的に考えることができる。人類までも生み出した元素はどのように生じ，どのように生命をつくり出したのだろうか。

　137 億年前に宇宙はビッグバンにより誕生した。当初の宇宙の温度は 1,000 兆 K（K：絶対温度）もあった。最初に水素原子核が形成され，宇宙が膨張し温度が下がるにつれ，電子が原子核に捕らえられて原子ができた。続いて核融合が連鎖的に起こり，軽いヘリウムから，自然界に存在する最も重い元素のウランまで形成された。現在の地球の地殻に存在する元素は，酸素（O）が最も多く約 60.4％ を占める。ケイ素（Si）20.5％，アルミニウム（Al）6.24％，水素（H）2.9％ と続き，生物を構成する主要な元素の炭素（C）は含有量が 17 番目で，わずか 0.03％ しか含まれていない。

　生命は地球で生じたにもかかわらず，地殻に微量しか含まれない炭素を主要元素としているのはなぜだろうか。それは，炭素は特別な性質をもつ元素だからである。炭素は他の元素とは異なり，炭素と炭素が共有結合で結合し，長い鎖や複雑な立体構造の分子をつくることができる。生体を構成するタンパク質，核酸，糖，脂質はすべて炭素を骨格とする分子である。酸素，窒素も複雑な分子を形成するのに適した元素であり，生体物質に多く含まれる。

1.4　化学進化

　46 億年前に誕生した地球の表面温度は千数百度もあり，生命は存在するはずは
なかった。44 億年前に表面温度が下がり地殻が形成され，水蒸気は雨として降り
43 億年前に海が形成されて生命誕生の場となった。原始地球の大気の主成分は，
二酸化炭素 CO_2，窒素 N_2，一酸化炭素 CO であった。大気の分子に高エネルギー
の宇宙線が照射され，落雷による放電のエネルギーが注入されて，アミノ酸や核
酸，脂質などの**有機物**が生成された。
organic matter

　一方，深海の熱水噴出孔からはメタン CH_4，水素 H_2，硫化水素 H_2S，アンモニ
ア NH_4 や，化学反応を触媒する高濃度の微量金属元素が噴出しており，260 気圧
にもなる高圧，350℃にもなる高温の熱エネルギーによって有機物が生成された。

　これらの有機物は地球上に広く存在する粘土鉱物によって濃縮され，間欠泉の
ような熱水フィールドで干上がることによりさらに濃縮され，重合してタンパク
質や RNA，DNA，脂質が生じた。この過程は実験で証明されている。

　やがて，タンパク質や RNA，DNA が脂質に包まれて原始生命体となった。こ
のように，無機物から有機物が生成され，原始生命体が生じるまでの過程を
化学進化という（図 1・2）。現生の生物の共通祖先は 40 億年前に生じている。海
chemical evolution
が形成されてからたった 3 億年で生命が誕生したことになる。

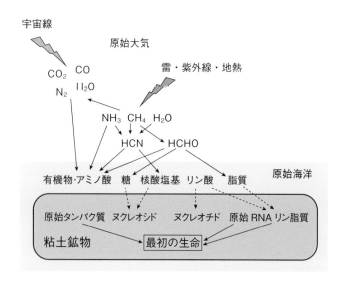
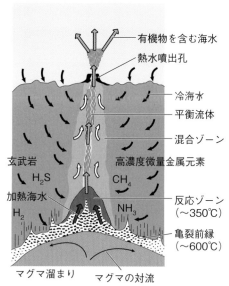

図 1・2　大気と熱水噴出孔での化学進化

1.5 生体を構成する分子

1.5.1 水

　生命は水の中で生まれた。ヒトの体の約70%は水が占める。水はさまざまな物質を溶かす性質があり，生命活動の化学反応の場として欠かせない。また，小さな分子であるが比熱が大きく，熱くなりにくく，冷めにくい。したがって，急激な温度変化が起きにくく，内部環境を安定に保つはたらきがある。

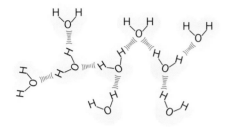

コラム 1.3　水の特徴をもたらす分子構造
　水分子の酸素は水素原子の電子を引きつけ負の電荷を帯びて，水素原子は正電荷を帯びているため，水分子は弱い磁石のような性質をもち，分子同士が穏やかに結合している（水素結合）（図1・3）。そのため，水は高比熱，高融点，高融解熱，高沸点，高蒸発熱という特徴をもつ。

図1・3　水分子と水素結合

1.5.2 タンパク質

　タンパク質は質量%でヒトの体の約18%を占める。タンパク質には，酵素や物質の輸送，細胞や組織の構造形成，免疫，遺伝子の発現調節（☞ p 68）などさまざまな役割がある。タンパク質は20種類のアミノ酸が連結した鎖状のポリペプチドからなる。アミノ酸の種類により側鎖の構造が異なる（☞ p 11）。アミノ酸には**アミノ基**（-NH₂）と**カルボキシ基**（-COOH）があり，アミノ基とカルボキシ基が**ペプチド結合**してアミノ酸が連結され，**ポリペプチド**になる（図1・4）。ペプチド結合は，アミノ酸のカルボキシ基に別のアミノ酸のアミノ基が結合することにより形成されるため，合成されたポリペプチドの1番目のアミノ酸はアミノ基をもち，最後のアミノ酸はカルボキシ基をもつ。

　アミノ基には窒素原子Nがあり，カルボキシ基には炭素原子Cがあるため，ポリペプチドの片方の端を**N末端**，その反対側を**C末端**とよぶ。タンパク質はN末端からC末端の方向に合成される。タンパク質の立体構造と機能については後述する（☞ p 12）。

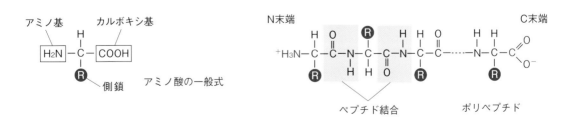

図1・4　アミノ酸の構造とペプチド結合

1.5.3　脂　質

脂質は質量％でヒトの体の約5％を占める。脂質は構造と性質の違いから，中性脂質，リン脂質，ステロイド，糖脂質，ロウに分けられる。中性脂質は脂肪細胞に蓄積される脂肪の主要成分である（図1·5）。貯蔵エネルギー源として重要であるが，過度の蓄積により肥満になる。

リン脂質は，リン酸基に負の電荷があり，コリンに正の電荷があるため，親水性と疎水性の両方の性質をもつ。水の中では，油滴は互いに融合して，徐々に大きな油滴になるように，リン脂質の疎水性の部分は互いに結合する。一方，親水性の部分は，水に接するように配置される。その結果，ミセルとよばれる構造や，リン脂質が二層に並べば水の中で膜が形成される。二重の脂質からなる膜を**脂質二重層**という（図1·6）。
lipid bilayer

ステロイドには，コレステロールや，ビタミンD，ホルモンのエストロゲンなどがある（図1·7）。コレステロールは動脈硬化と関連付けられることが多いが，細胞膜など生体膜の重要な構成要素である。エストロゲンは女性ホルモンである。

ビタミンA（図1·8），E，Kも脂質に分類される。

糖脂質は，脂質に糖鎖が結合したものであり，細胞膜の脂質に多く存在する。細胞のシグナル伝達の調節を行う。

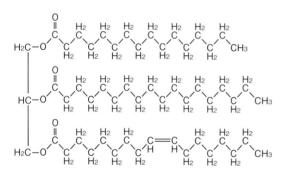

図1·5　トリアシルグリセロール
（代表的な中性脂質）

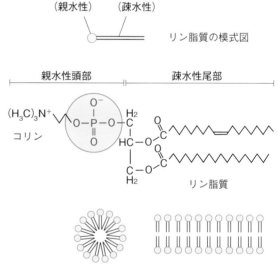

リン脂質の模式図

図1·6　リン脂質と脂質二重層

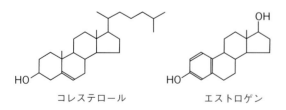

コレステロール　　　エストロゲン

図1·7　コレステロールとエストロゲン

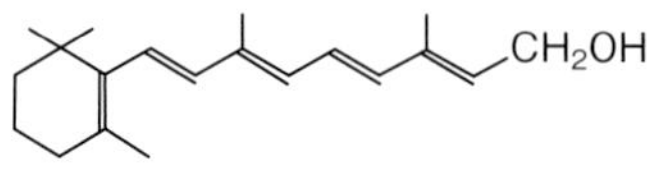

CH₂OH

図1·8　ビタミンA

1.5.4 糖　質

　糖質は質量％でヒトの体の約2％を占める。糖質は化学エネルギーの貯蔵物質，細胞壁などの構造体の他，軟骨の弾力成分としてはたらいたり，タンパク質の機能調節などを行ったりする。糖質は，**単糖類**，**オリゴ糖類**，**多糖類**に分けられる。
monosaccharide　oligosaccharide　polysaccharide

　単糖類には，エネルギー源のグルコースや，核酸の主鎖となるリボースがある（図1・9）。

　オリゴ糖類には，砂糖の成分のスクロース（ショ糖）や，ABO血液型抗原となる糖鎖がある（図1・10）。

　多糖類には，デンプンや，グリコーゲン，セルロース，軟骨の弾力成分であるコンドロイチン硫酸がある（図1・11）。

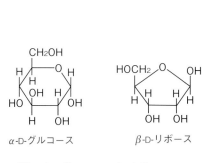

図1・9　グルコースとリボース

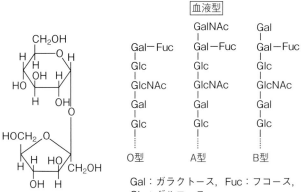

Gal：ガラクトース，Fuc：フコース，
Glc：グルコース，
GalNAc：N-アセチルガラクトサミン，
GlcNAc：N-アセチルグルコサミン

図1・10　スクロース，血液型を決めるオリゴ糖

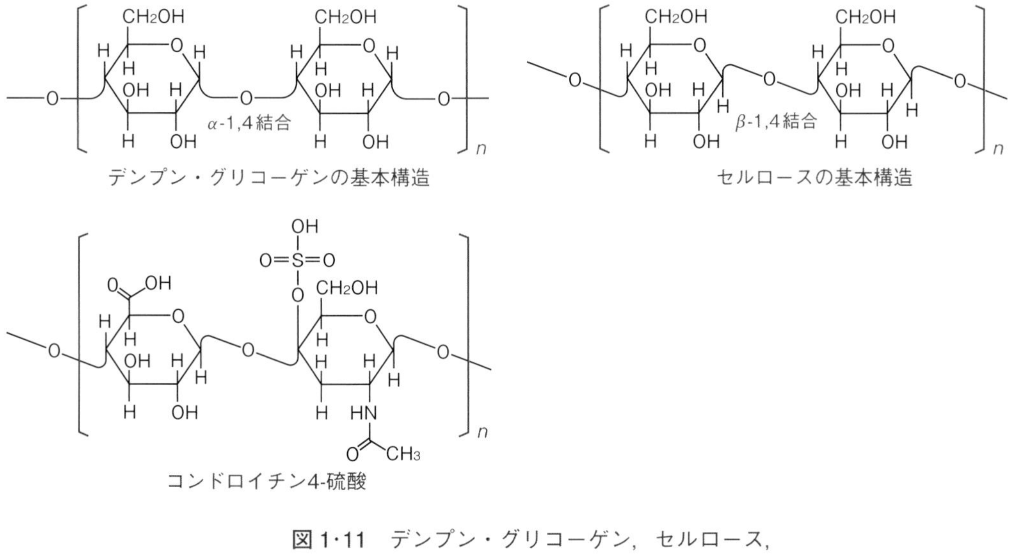

図1・11　デンプン・グリコーゲン，セルロース，コンドロイチン硫酸

コラム 1.4　セルロースとデンプン

　グルコースは生物の主要なエネルギー源である。デンプンも，セルロースもグルコースが連なってできている。分解してグルコースにすれば，エネルギー源として用いることができる。ヒトはグルコースが α-1,4 結合で連結しているデンプンを消化してグルコースにすることができるが，セルロースを消化することができない。セルロースは，グルコースが β-1,4 結合で連結しており，ヒトは β-1,4 結合を切断する酵素をもっていないからである。ウマやウシは草のセルロースからグルコースをとり出すことができる。ウマやウシ自体は，セルロースの分解酵素をもっていないが，腸内にセルロースを分解する細菌を共生させており，腸内細菌がセルロースを分解して得たグルコースを吸収している。

1.5.5　核　酸

　核酸は質量％でヒトの体の約 1％ を占める。核酸は，核の主要な成分であり，遺伝情報を担う。核酸にはデオキシリボ核酸（DNA）とリボ核酸（RNA）がある（図 1·12，図 1·13）。DNA は遺伝子の本体である。RNA は DNA の情報を転写してつくられ，タンパク質の合成の過程ではたらく。DNA は 2 本の鎖からなり，RNA は 1 本鎖である。

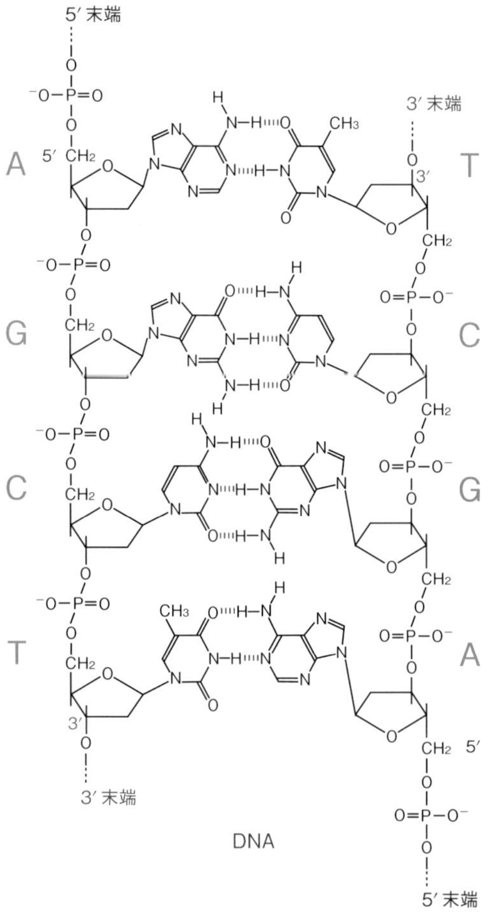

図 1·12　DNA の構造

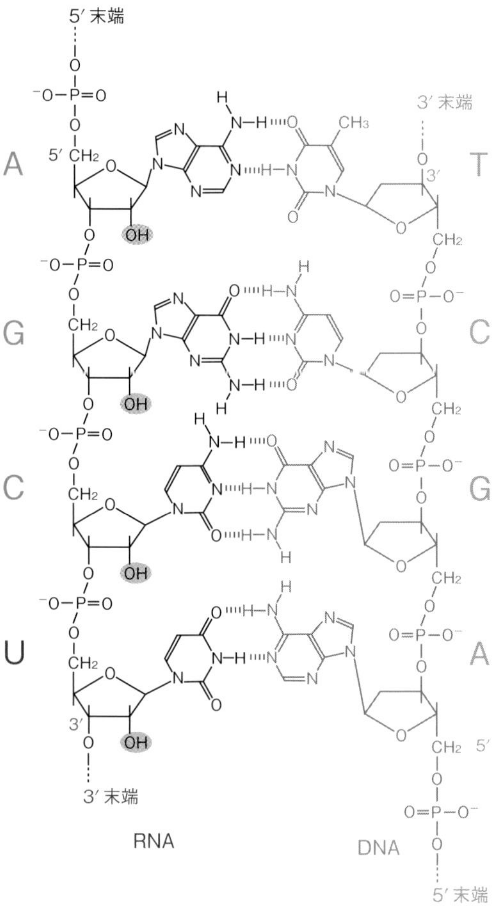

図 1·13　RNA の構造

参考 1.1　DNA と RNA の基本単位

DNA と RNA は，**ヌクレオチド**nucleotide を基本単位としており，ヌクレオチドが連なってヌクレオチド鎖を構成している。DNA のヌクレオチドは糖のデオキシリボースにリン酸と塩基が結合している（図 1·14 左）。RNA のヌクレオチドはリボースにリン酸と塩基が結合している（図 1·14 右）。ヌクレオチド鎖はデオキシリボース（またはリボース）とリン酸が交互に連結している。DNA の塩基はアデニン (A)，チミン (T)，グアニン (G)，シトシン (C) である。RNA の塩基はアデニン (A)，ウラシル (U)，グアニン (G)，シトシン (C) である。

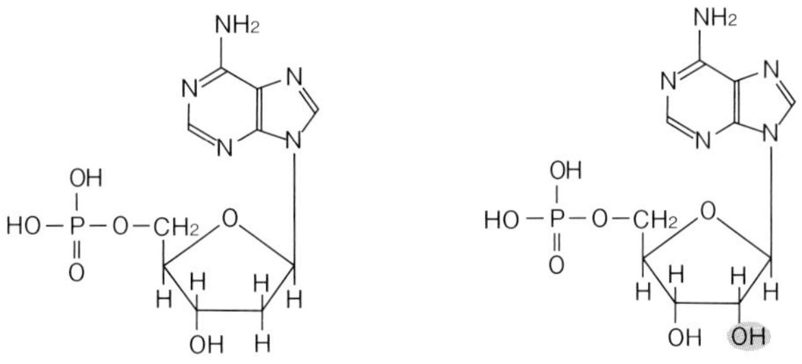

デオキシアデノシン一リン酸　　アデノシン一リン酸

図 1·14　ヌクレオチド

1.5.6　無 機 物

カルシウム (Ca)，リン (P)，ナトリウム (Na)，カリウム (K)，マグネシウム (Mg)，鉄（Fe）などの無機物は，質量％でなく存在度（原子の数の％）で示すと，ヒトの体の約 1％を占める。これらの無機物はイオンとして存在し，恒常性の調節や，情報伝達に重要な役割を果たしている。Ca と P は不溶性のリン酸カルシウムとして骨や歯を構成する。

2章 タンパク質の立体構造と機能

　タンパク質は生命活動に最も重要な役割を果たす。タンパク質は，化学反応を促進する酵素，特定の物質の輸送，力の発生，情報の認識，情報の伝達，免疫など，さまざまなはたらきにかかわっている。これらのはたらきには，すべてタンパク質の立体構造がかかわっている。タンパク質は一定の立体構造をとるが，特定の物質が結合することにより，別の特定の立体構造になる。これこそが，タンパク質が生命活動を行うための最も重要な特徴である。

2.1　遺伝子が指定するタンパク質の立体構造

　1つの種類のタンパク質のアミノ酸の配列とアミノ酸の数は決まっていて，別の種類のタンパク質のアミノ酸配列とは異なる。タンパク質のアミノ酸配列は遺伝子によって指定されている。

　タンパク質の立体構造はアミノ酸配列によって決まる。タンパク質のアミノ酸の配列を**一次構造**という。タンパク質を構成するアミノ酸は20種類あり，側鎖
primary structure
の性質により親水性の塩基性アミノ酸，酸性アミノ酸，中性極性アミノ酸と，疎水性の非極性アミノ酸に分類される（図2·1）。

コラム2.1　タンパク質が溶けるしくみ

　タンパク質を構成するアミノ酸には，疎水的な非極性アミノ酸が多く含まれている。それにもかかわらず，タンパク質が水溶液の中で溶けているのは，疎水性アミノ酸を多く含む鎖の部分はタンパク質の内部に配置され，表面には親水性アミノ酸が配置されるからである。塩基性アミノ酸，酸性アミノ酸がもつ正と負の電荷が，生理的塩濃度でバランスよく引き付け合い，反発し合って一定の立体構造をとっている。塩を含まない真水や，極端な高塩濃度では電荷のバランスが崩れ，タンパク質が変性する。卵白を真水に溶かそうとすると白濁するのは，電荷のバランスが崩れて立体構造が変化し，タンパク質の内部の疎水的な部分が表面に出て，疎水的な部分でタンパク質とタンパク質が結合し，凝集するからである。加熱するとタンパク質が白濁するのは，熱エネルギーによってタンパク質の立体構造が変化し，疎水性部分でタンパク質同士が結合して凝集するからである。また，アルカリ性や酸性の溶液でもタンパク質が変性するのは，タンパク質表面の電荷のバランスが崩れて立体構造が変化するからである。

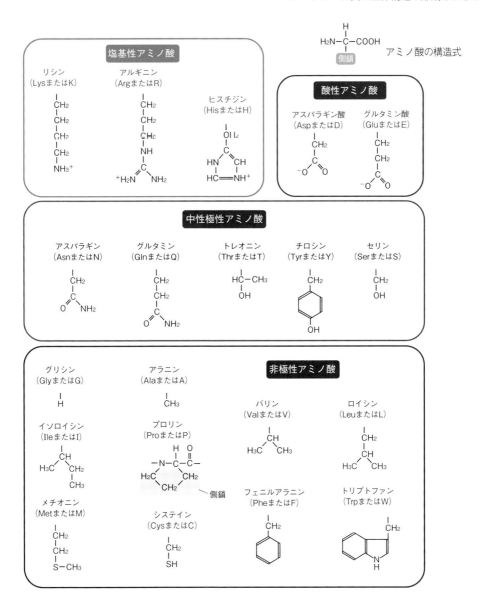

図 2·1 塩基性アミノ酸，酸性アミノ酸，中性極性アミノ酸，非極性アミノ酸
それぞれの側鎖を示す。

2.2 タンパク質の立体構造が形成されるしくみ

ペプチド結合のN-Hの水素原子（H）と，そこから4番目のアミノ酸のカルボ
ニル基の酸素原子（O）との間で分子内水素結合が生じ，その結果，右巻きに1
回転が3.6アミノ酸のピッチでらせん構造が形成される。このらせん構造を**α-
ヘリックス**という（図2·2左）。α-ヘリックスはスプリングのように安定な立体
構造となる。平行に並んだポリペプチド間で規則的な水素結合が生じると，安定
なシート状の立体構造になる。このシート状の構造を**β-シート**という（図2·2右）。

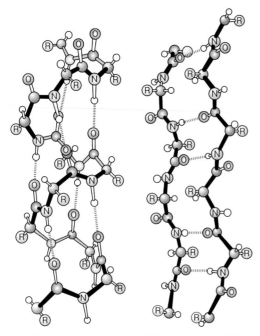

図2·2　*α*-ヘリックス（左），*β*-シート（右）

α-ヘリックスとβ-シートを**二次構造**という。
secondary structure

　α-ヘリックスとβ-シートの立体構造を保ったまま，1本のポリペプチドが折りたたまれると，タンパク質の立体構造が出来上がる（図2·3）。1分子からなるタンパク質の立体構造を**三次構造**という。
tertiary structure

　複数のポリペプチドが組み合わさってはたらくタンパク質もある。酸素を運ぶヘモグロビンは，2種類のポリペプチドが2個ずつ組み合わさって，4つのポリペプチドからなる。複数のタンパク質（ポリペプチド）が組み合わさってできる立体構造を**四次構造**という
quaternary structure
（図2·4）。

　ポリペプチドが折りたたまれることにより，ポリペプチド内のシステインとシステインが近づくと，**ジスルフィド結合**(S-S)により架橋される。ジスルフィ
disulfide bond
ド結合により，タンパク質の立体構造はさらに安定化する。

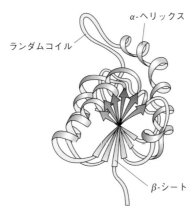

図2·3　タンパク質の立体構造

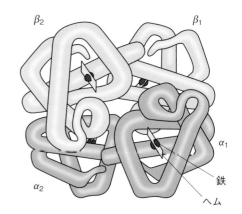

図2·4　ヘモグロビンの四次構造

2.3　タンパク質は複数の特定の立体構造をとる

　タンパク質の立体構造はアミノ酸配列で決まるが，特定の分子が結合したり，タンパク質がリン酸などで修飾されたりすると，別の特定の立体構造になる。たとえば，筋肉の力を発生させるミオシンとよばれるタンパク質は，ATP が結合したり，ミオシンに結合した ATP が加水分解されて ADP とリン酸になったり，ミオシンから ADP とリン酸が外れたりするとそれぞれ別の立体構造になる（図2·5）。他にも，ポンプによる物質の輸送やチャネルの開閉など（☞ 6.1.1, 6.1.2 項），タンパク質の立体構造の変化は，生命活動のあらゆる場面で起きている。タンパク質の立体構造変化の視点で，生命現象を見ていこう。

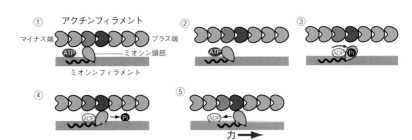

図 2·5 ミオシンの立体構造変化
① 何も結合していないミオシンはアクチンフィラメントに結合している。
② ATP がミオシンに結合すると，ミオシンの立体構造が変化し，アクチンフィラメントから離れる。
③ ミオシンが ATP を ADP とリン酸に加水分解すると，アクチンフィラメントのプラス端に向けて立体構造を変化させる。
④ ミオシンがリン酸を放出すると，アクチンフィラメントに結合する。
⑤ ミオシンが ADP を放出すると，アクチンフィラメントに結合したまま，アクチンフィラメントのマイナス端に向けて立体構造を変化させ，力が発生する。①〜⑤が連続的に起こると，ミオシンはアクチンフィラメントのプラス端に移動することになる。

動画参照
(Eva Amsen)
http://easternblot.
net/2016/02/12/
image-origins-that-
walking-molecule/
「ミオシン」

参考 2.1　タンパク質の機能単位

　一般的に，1 つのタンパク質にはいくつかの機能の単位があり，その単位をドメインという。1 つのドメインは 50 〜 200 個程度のアミノ酸からなり，ドメイン単独でもその機能をもつ。ドメインは何種類もあり，1 つの特定のドメインは多くの異なるタンパク質に見られる。タンパク質の種類によってドメインの種類の組合せが異なる。

コラム 2.2　分子が分子を認識するしくみ

　生物が行う複雑な化学反応や，情報伝達には分子の立体構造の凹凸がかかわる（図 2·6）。凸凹が相補的であれば，ファンデルワールス結合や水素結合によって分子同士が結合する（表 2·1）。分子が結合するとタンパク質の多くは，立体構造が別の一定の構造になり，別の機能をもつようになる。この連鎖反応が情報伝達となる。分子と相補的に結合する部位に，化学反応を触媒する活性をもつタンパク質が酵素である。分子が分子を認識するしくみは相補的な立体構造部分にある。

　小さな分子同士では，ファンデルワールス結合や水素結合の数が少ないため，結合力が弱く，熱エネルギーによりすぐに引き離されてしまう。しかし，タンパク質のように，大きく複雑な立体構造をもつ分子は，相補的な立体構造をもつ分子と多数の弱い結合を形成するため，熱エネルギーでは引き離されない程度の結合ができるようになり，特異的な結合が生じる。

　立体的に相補的な構造をもつ分子同士は，弱い結合で連結しているため，解離と結合を繰り返している。情報を伝える分子の濃度が高いほど，情報を受け取るタンパク質に結合している時間が長くなる。弱い結合であるからこそ情報の強弱を伝えることができる。酵素反応も結合と解離を繰り返すことで，次々と触媒反応を起こすことができる。

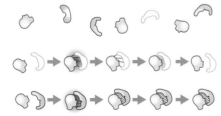

図 2·6　複合体を形成する分子
相補性が低い分子はやがて解離するが，相補性が高い分子は安定な複合体を形成する。

表 2·1　化学結合と結合エネルギー

結合の種類	生体内（水の中）での結合力（kcal/mol）
共有結合	90
イオン結合	3
水素結合	1
ファンデルワールス結合	0.1

3章　細胞の構造

細胞の表面には脂質二重層からなる**細胞膜**があり，外界と隔てられている。細胞に**核**をもたない生物を**原核生物**といい，核をもつ生物を**真核生物**という。大腸菌などの細菌は原核生物である。ヒトは真核生物に属す。

コラム 3.1　核の語源

　核や核分裂といえば，原子力を最初に思い浮かべるだろう。しかし，最初に核と命名されたのは植物細胞の中の小さな構造であった。ロバート・ブラウンが 1831 年に命名した。核の語源はラテン語の「果実の種子・中心」である。アーネスト・ラザフォードによる原子核の発見は，1911 年だった。

3.1　真核細胞

　真核生物の細胞は真核細胞で構成されており，細胞は核をもつ。真核細胞の内部には**細胞小器官**とよばれる構造があり，それぞれ特有のはたらきをもつ（図 3·1）。真核細胞に共通する細胞小器官は，**核**，**ミトコンドリア**，**小胞体**，**リボソーム**，**ゴルジ体**，**リソソーム**である（図 3·2）。**中心体**は動物と植物の一部がもつ。植物に特有の細胞小器官は**葉緑体**である。**液胞**は植物で発達するが，動物ではほとんど見られない。細胞小器官の間にある構造がない部分を**細胞質基質**という。植物では細胞膜の外側に**細胞壁**がある。植物の細胞壁は主としてセルロースからなり，細胞の形を維持するはたらきがある。

動画参照
（Nucleus Medical Media）
https://youtu.be/
URUJD5NEXC8
「細胞」

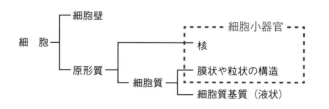

図 3·1　真核細胞の構造

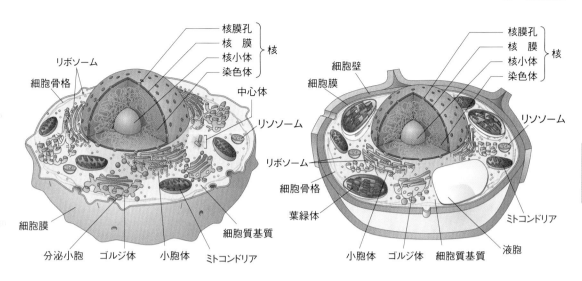

図3·2 真核細胞の構造
動物細胞と植物細胞

コラム 3.2 動的平衡

　細胞小器官は，薬品で固定して電子顕微鏡で観察したり，図として見ると，その構造が常にあるように思えてしまう。しかし，実際は分子が常に入れ替わっている。同じ構造があり，同じ機能を果たしているにもかかわらず，物質が常に入れ替わっていることを，**動的平衡**
という。たとえば，グルコースのような小さな分子は，熱エネルギーにより，直径が数十μm の細胞の端から端まで 1 秒もかからないうちに移動する。タンパク質のような大きな分子でも数秒で移動する。このように，熱エネルギーにより激しく運動する分子ではあるが，分子が入れ替わり立ち替わり，同じ構造の構成要素となって，構造と機能を保っている。

3.1.1 　核

　核の内部には，クロマチンとよばれる DNA とタンパク質の複合体がある（図3·3）。クロマチンの主要なタンパク質はヒストンである。DNA はヒストンに巻き付いて**ヌクレオソーム**とよばれる構造をとっている。細胞分裂の間期ではクロマチンは分散しているが，細胞分裂の中期ではヌクレオソームがさらに巻き付き，凝縮して，光学顕微鏡でも観察できる**染色体**となる。核の内部にはクロマチンの他，**核小体**がある。核小体にはリボソームの遺伝子が存在する。核の最外層には，二重の生体膜でできた核膜がある。核膜には核膜孔とよばれる穴があり，**核膜孔**
を通って細胞質と核を物質が行き来している。

参考 3.1 　核の中の DNA の長さ

　ヒトの 1 個の細胞がもつ DNA の長さは 2 m にもなる。核の大きさは，約 10 μm なので，約 20 万分の 1 の長さに折りたたまれていることになる。DNA がもつれずに核に収まっていられるのは，ヒストンに巻き付いているからである。

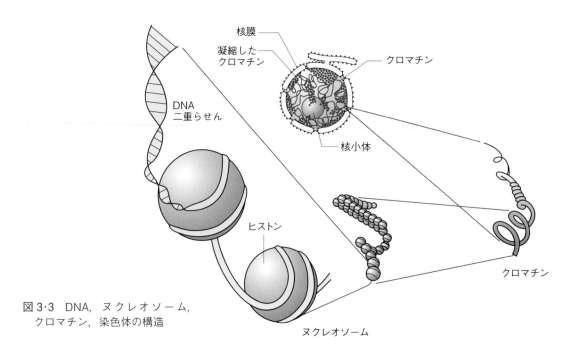

図3·3　DNA，ヌクレオソーム，
　　　クロマチン，染色体の構造

3.1.2　ミトコンドリア

　酸素（O_2）を利用して，有機物からエネルギーを取り出し，ATP を合成することを**呼吸**という。ミトコンドリアは，呼吸の場である。ミトコンドリアは，生体膜で構成される内膜と外膜とよばれる二重の膜からなる（図3·4）。内膜に囲まれた内側を**マトリックス**といい，マトリックスに突出した内膜を**クリステ**とよぶ。マトリックスには二酸化炭素を生じる**クエン酸回路**（☞ p27）があり，クリステには酸素を利用して ATP を合成する**電子伝達系**（☞ p28）がある。

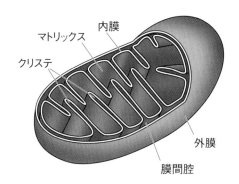

図3·4　ミトコンドリアの構造

3.1.3　リボソームと小胞体

　リボソームは mRNA の情報をもとに，タンパク質を合成するはたらきがある。小胞体は核膜とつながった生体膜からなる。表面にリボソームが付着した小胞体を**粗面小胞体**といい，リボソームが付着していない小胞体を**滑面小胞体**という。細胞膜ではたらくタンパク質と細胞外に分泌されるタンパク質は粗面小胞体のリ

ボソームで合成される。合成されたタンパク質は小胞体の膜に埋め込まれるか，小胞体の内部に入る。次に，小胞体の一部がくびれて小胞になり，この小胞がゴルジ体に移動し，ゴルジ体と小胞が融合することで，タンパク質がゴルジ体に運ばれる。小胞体に付着せず，細胞質基質にあるリボソームは，細胞小器官や細胞質基質ではたらくタンパク質を合成している。滑面小胞体はカルシウムを内部に蓄積しており，細胞内のカルシウム濃度の調節や，カルシウムを介した細胞内シグナル伝達（☞ p99）のはたらきをしている。

参考3.2　小胞体と核膜はつながっている
　小胞体は何層もの袋が積み重なって複雑な構造をしているように見えるが，核膜と小胞体を合わせて，一続きの膜でできている。複雑に見えるのは，分岐したり扁平化したりしているからである。

3.1.4　ゴルジ体

　ゴルジ体は一重の生体膜からなり，細胞内外への物質の輸送にかかわる（☞ p15）。ゴルジ体では，小胞体から運ばれたタンパク質のアミノ酸配列の情報をもとに，特定の糖鎖をタンパク質に結合する。これを**糖鎖修飾**（glycosylation）という。次に，ゴルジ体の一部がくびれて小胞になり，この小胞が細胞膜に移動して融合すると，小胞の内部のタンパク質は分泌され，小胞の膜に埋め込まれたタンパク質は細胞膜のタンパク質となる。

3.1.5　リソソーム

　一重の膜で構成される小胞であり，小胞内に多くの種類の加水分解酵素をもつ。古くなった細胞小器官や，食作用により取り込んだ異物を分解するはたらきをもつ（☞ p15）。この現象を**オートファジー**（自食作用）（autophagy）という。オートファジーによって分解されたタンパク質はアミノ酸となり，新たなタンパク質の合成に再利用される。ヒトは1日に約200gのタンパク質を合成しており，そのうち3分の2がオートファジーによって生じたアミノ酸からつくられている。大隅良典はオートファジーの研究成果により2016年にノーベル生理学・医学賞を受賞した。

3.1.6　中 心 体

　動物細胞には，核の近くに粒状の中心体とよばれる構造がある。中心体は，一対の中心小体からなる。中心体は細胞骨格の微小管の形成の起点であり，細胞分裂の際に複製されて，それぞれ細胞の両極に分かれる（☞ p15）。

3.1.7　葉 緑 体

　植物の細胞がもつ光合成を行う細胞小器官である（図3・5）。直径5〜10μmの緑色の粒状であり，外膜と内膜

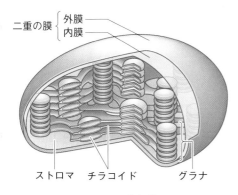
図3・5　葉緑体

の二重の膜からなる。内膜の内側には**チラコイド**とよばれる扁平な袋状の構造があり、チラコイド膜には光合成色素のクロロフィルが存在する。

3.1.8　液　胞

成長した植物細胞で発達する。一重の膜でできており、中は細胞液で満たされている。細胞液には、代謝産物や色素が含まれる。若い細胞の液胞は小さいが、組織液が増えて液胞が大きくなることで細胞が成長し、植物体が成長する。植物の赤、紫、黄色の色は、液胞の色素による（☞ p 15）。

3.2　原核細胞

原核生物は原核細胞でできており、原核細胞には核などの細胞小器官がない。原核細胞の DNA は核膜に包まれず、細胞質基質に存在する（図 3·6）。原核細胞は植物と同様に、細胞膜の外側に細胞壁をもつ。原核生物には大腸菌などの細菌と、アーキア（☞ p 154：15.2 節）がある。

動画参照
（Bozeman Science）
https://youtu.
be/1Z9pqST72is
「原核生物」

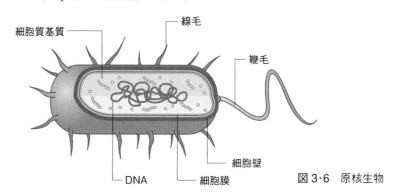

図 3·6　原核生物

コラム 3.3　細胞内共生説

原始の地球には酸素（O_2）がなかったが、酸素発生型光合成細菌のシアノバクテリアが出現すると、海水や大気に酸素が供給されるようになった。酸素は酸化力が強く、生物体を構成する有機物が酸化されるため、危険な存在であったが、うまく利用すると、有機物から効率よくエネルギーを取り出せる。シアノバクテリアは、酸素を発生する光合成の能力とともに、酸素や活性酸素を無毒化する遺伝子を獲得し、酸素を用いて有機物からエネルギーを取り出す呼吸のしくみも獲得していた。酸素が存在すると死滅する嫌気性生物は無酸素環境に逃げ込んで生き延びるしかなかったが、嫌気性細菌の一部は、シアノバクテリアが獲得したこれらの遺伝子を水平伝播により獲得して、酸素を利用する好気性細菌となった。

真核細胞は原核生物のアーキア（☞ p 154）から生じている。真核細胞の祖先となったアーキアは細胞膜を自在に変形させる能力があり、細胞膜を凹ませてゲノム DNA を包み込んで核が生じた。また、細胞内に陥入した細胞膜が幾重にもたたまれて小胞体が形成された。

ミトコンドリアは、好気性細菌が真核細胞と共生して生じたと考えられている。シアノバクテリアが真核細胞に共生すると葉緑体となり、植物が生じた。この考えを細胞内共生説という。ミトコンドリアと葉緑体は、独自の DNA をもっており、細胞の中で細胞とは独立して増殖することからも、葉緑体とミトコンドリアは細胞とは独立した生物由来であると考えられる。ミトコンドリアと葉緑体は、共生により安定な環境を得ており、ミトコンドリアは呼吸によりエネルギーを、葉緑体は光合成により有機物を宿主細胞に供給している。

4章 酵素

生命活動はエネルギーを利用した化学反応ととらえることができる。一般に，化合物は安定であり，化学反応は起こりにくい。生物が常温，通常の大気圧，ほぼ中性の条件で化学反応を起こせるのは，酵素とよばれるタンパク質がはたらくからである。

4.1 活性化エネルギー

ある化合物が別の化合物に変化するには，反応しやすい状態になる必要がある。この状態になるのに必要なエネルギーを**活性化エネルギー**という。活性化エネルギーは熱運動のエネルギーからも供給される。活性化エネルギーは，化学反応のハードルととらえることができる。触媒は活性化エネルギーを下げるはたらきがある。酵素は触媒作用があり，活性化エネルギーを下げることができるので，体温という穏やかな温度環境で化学反応を促進する（図4·1）。

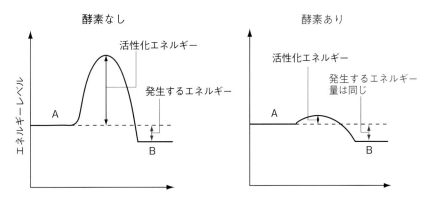

図4·1 活性化エネルギーと酵素

コラム 4.1 安定な物質からエネルギーを取り出す

目の前に食パンがあったとしよう。食パンの主成分はデンプンであり，デンプンはグルコースが連なってできている。食べれば，デンプンが消化されてグルコースになる。グルコースは細胞に取り込まれて，生命活動のエネルギー源となり，最終的には二酸化炭素と水になる。しかし，食パンを放置しておけば，いつまでたっても干からびるだけで，ほとんど変化しない。食パンに火をつければ，燃える。化学反応の結果，酸素が消費され，二酸化炭素と水になる。この場合，火のエネルギーが活性化エネルギーになる。無機的にエネルギーを取り出すには，非生物的な高温にしなくてはならない。火により食パンから取り出されたエネルギーは，光と熱であり，生物はほとんど利用することができない。

4.2　酵素の基質特異性

　　酵素が触媒する物質を**基質**といい，反応によってできた産物を**生成物**という。
酵素は数千種類もあり，それぞれ基質が異なる。特定の酵素が特定の基質だけに
作用する性質を，**基質特異性**という。酵素が基質に作用する性質を**活性**といい，
活性をもつ酵素の部位を**活性部位**という。酵素の活性部位と基質は相補的に結合
して，**酵素−基質複合体**を形成する（図4·2）。基質特異性があるのは，酵素ご
とに活性部位の立体構造が異なるからである。基質が異なれば，基質の立体構造
が異なるため，酵素は作用しない。

　　活性部位のアミノ酸が基質を触媒して化学反応を起こし，生成物を生じると，
生成物の立体構造は，活性部位と相補的でなくなるため，活性部位から遊離する。

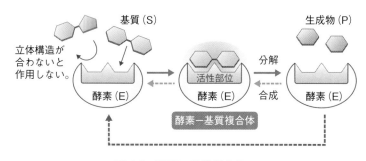

図4·2　酵素−基質複合体

コラム4.2　抗インフルエンザウイルス薬

　インフルエンザウイルスは，感染した細胞で増殖した後，細胞から外に出て，次の細胞に感染して増殖することを
繰り返し，爆発的に増える。細胞から外に出る直前のインフルエンザウイルスは，細胞膜のシアル酸を介して細胞表
面に結合している。細胞からウイルスが飛び出すには，ノイラミニダーゼとよばれる酵素でシアル酸を切断する必要
がある。抗インフルエンザウイルス薬として使われているタミフル，リレンザ，ラピアクタ，イナビルは，いずれも
インフルエンザウイルスのノイラミニダーゼの活性を阻害することで，ウイルスの増殖を抑える。薬は，ノイラミニ
ダーゼの活性部位の立体構造をコンピューターで予測し，そこに相補的にはまる物質を合成することにより創り出さ
れた。活性部位に薬がはまり込むと，シアル酸を切断できず，ウイルスは細胞から飛び出せなくなる。そのため，他
の細胞に感染することができず，増殖は止まる。抗インフルエンザウイルス剤は，他の酵素の活性部位にはまり込む
ことはないため，他の酵素の活性には影響しない。抗インフルエンザウイルス剤は，シアル酸が結合する活性部位に
競争的に結合して，酵素活性を阻害するため，この阻害様式を**競争的阻害**とよぶ（図4·3）。

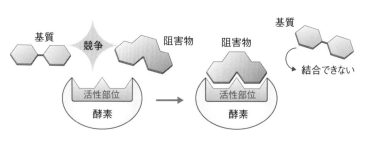

図4·3　競争的阻害

4.3 酵素の性質

　酵素が活性を示すには，酵素タンパク質の立体構造が重要である。立体構造と酵素活性の関係について学ぼう。

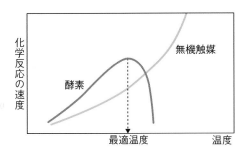

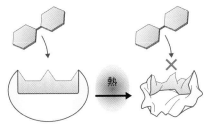

酵素の立体構造の変化

図 4・4　最適温度

4.3.1　温度と酵素活性

　活性化エネルギーは熱運動のエネルギーからも供給される。そのため，化学反応は温度が高くなれば速く進む。無機触媒は温度が高いほど反応速度は大きくなるが，酵素は一定以上の温度になると，熱運動のエネルギーによってタンパク質の立体構造が変化して変性するため，活性が低下し，遂には失活する。（図 4・4）。酵素活性が最大になる温度を**最適温度**という。
optimal temperature

コラム 4.3　温度による生命活動への影響

　カエルやウニなどの変温動物や植物が，卵や種子から成体になる過程（この過程を発生という）は，一定の範囲内であれば，温度が高いほど速く進む。それは，発生の過程も化学反応だからである。

4.3.2　pH と酵素活性

　酵素によって，酵素がはたらく pH の条件が異なる。酵素活性が最も高くなる pH を**最適 pH** といい，胃酸が存在する条件ではたらくペプシンの最適 pH は約 2，口の中ではたらくアミラーゼの最適 pH は中性の約 7 である（図 4・5）。
optimal pH

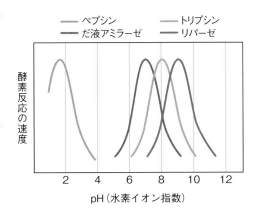

図 4・5　最適 pH

参考 4.1　pH によってタンパク質の立体構造が変化する

　タンパク質の立体構造は，溶液の pH によって変わる。タンパク質の表面には正の電荷をもつアミノ酸と負の電荷をもつアミノ酸があり，互いに引き付け合ったり，反発しあったりすることで一定の立体構造を保っている。pH が低くなると，酸性の程度に応じて酸性アミノ酸の負の電荷は小さくなり，塩基性アミノ酸の正の電荷は大きくなる。pH が高くなると，塩基性の程度に応じて酸性アミノ酸の負の電荷は大きくなり，塩基性アミノ酸の正の電荷は小さくなる。そのため，立体構造が変わり，酵素活性が変化する。

4.3.3　酵素反応の調節

　細胞の中にはさまざまな酵素と基質があり，酵素反応により生じる生成物もさまざまである。これらの反応が，調節を受けなければ，ある物質は過剰になり，別の物質は不足する。生物は，細胞の中の物質の濃度を一定に保つしくみをもっており，これもタンパク質の立体構造がかかわる。

　ある物質を最初の基質として，最終産物ができるまでの経路に，何種類かの酵素がかかわる場合，最終産物が，その反応経路を遡って抑制するしくみがある。最終産物が反応経路の初期段階の酵素に結合すると，その酵素タンパク質の立体構造が変わり，酵素活性が失われ，反応経路に基質が供給されなくなる。その結果，最終産物の量が一定に保たれる。この調節のしくみを**フィードバック調節**という（図4・6）。分子が分子にはたらきかけて，自律的に化学反応を調節している。

　フィードバック調節では，活性部位とは異なる部位（アロステリック部位）に物質が結合して酵素活性を抑制するため，この抑制のしくみを**非競争的阻害**という。アロステリック部位に化合物が結合して酵素活性が変化する現象をアロステリック効果といい，アロステリック効果を示す酵素を**アロステリック酵素**という。

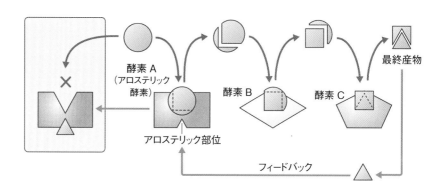

図4・6　フィードバック調節

参考 4.2　タンパク質機能の微調節を可能にするしくみ

　生命活動で起きている反応の調節の大部分に，タンパク質と物質との弱い結合がかかわっている。フィードバック調節を例に，そのしくみを見てみよう。タンパク質と相互作用する物質は，結合したら離れないわけではなく，常に結合したり離れたりしている。強く結合するとは，一定濃度の物質の条件で，物質がタンパク質に結合する時間が，離れている時間より長いことを意味する。逆に，弱い結合とは，離れている時間が結合している時間より長いということである。物質がタンパク質に結合する時間は，弱い結合では，物質の濃度が大きく影響する。物質の濃度が高ければ，その物質のうちのどれかがタンパク質に結合している状態になる。したがって，全体的に見れば，物質が結合しているタンパク質の割合が高くなる。物質の濃度が低ければ，物質が結合していないタンパク質の割合が高くなる。この弱い結合により，最終産物の濃度を反映した滑らかな微調節が可能になる。

4.3.4　補　酵　素

　酵素の中には，比較的低分子の有機化合物と協同することにより活性を示すものもある。この低分子の有機化合物を補酵素という。グルコースを分解する解糖系ではたらく NAD^+（ニコチンアミドアデニンジヌクレオチド）や，酸化・還元に関与するコエンザイム Q などがある。補酵素の多くは，ビタミンである。

4.3.5　共役反応

　一般的に化学反応は，エネルギーレベルの大きな物質から小さな物質に向かって起こる。小さく単純な物質から，複雑で大きな物質を合成するには，エネルギーの供給が必要である。合成に必要なエネルギーは，より大きなエネルギーが発生する分解反応と共役させると得られる。これを**共役反応**という（図4·7）。
coupled reaction

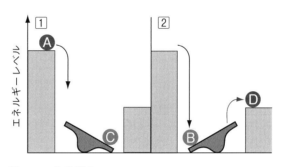

図4·7　共役反応
　　　エネルギーレベルの低い C から高い D の合成は，
　　　高エネルギーの A から低エネルギーの B の反応と
　　　同時に行うことにより可能になる。

コラム 4.4　本流が生み出す逆向きのエネルギーの流れ

　エネルギーレベルの高い物質から，低い物質への化学反応は，活性化エネルギーのハードルさえ越えれば起こる。一方，エネルギーレベルの低い物質が，高エネルギーの物質になることはほとんどない。無秩序に向かう宇宙の中では，エネルギーは常に低い方向に流れて行く。小さく単純な物質から，エネルギーレベルの高い複雑で大きな物質をつくるのは，局所的には宇宙の法則に反する。しかし，本流の大きな流れを利用する水車のように，無秩序に向かう流れを利用すれば，単純な物質から複雑な物質を生産することができる。反応系全体としては，エネルギーは低い方向に流れる。

　生物の中で起こる化学反応を代謝という。代謝には異化と同化がある（図
5・1）。異化とは，複雑で大きな物質を単純な物質に分解し，エネルギーを得る過
程をいう。同化とは，エネルギーを利用して，単純な物質から複雑な物質を合成
する過程をいう。

　異化には呼吸と，発酵，解糖がある。異化の過程で得られるエネルギーは，
ATP に移され，生命活動に用いられる。呼吸では，酸素を利用して有機物を無機
物まで分解する。発酵と解糖は酸素を用いない。発酵は微生物が行う。解糖は，
筋肉が激しい運動をして無酸素状態になった場合に行われる。呼吸で得られるエ
ネルギーの量は，発酵と解糖で得られるエネルギーよりはるかに大きい。

　同化の代表は光合成である。葉緑体は，光のエネルギーを利用して ATP を合
成し，ATP のエネルギーと電子の還元力を用いて，二酸化炭素と水から有機物を
合成する。これを炭酸同化という。光合成以外の生命活動には，呼吸により合成
された ATP が用いられる。植物は ATP を利用し，無機窒素化合物から有機窒素
化合物を合成する。これを窒素同化という。

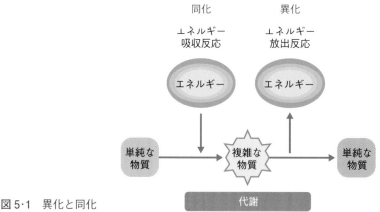

図 5・1　異化と同化

参考 5.1　酸化と還元

　代謝におけるエネルギーの移動には，酸化と還元を伴う。酸化は「酸素を受け取る・水素を放出する・電子を放出
する」と定義される。還元は「酸素を放出する・水素を受け取る・電子を受け取る」と定義される。還元状態の方が
エネルギーを多く蓄えており，酸化されることによりエネルギーを放出する。たとえば呼吸では，グルコースが酸化
されて二酸化炭素と水になる過程で生じるエネルギーを ATP 合成に用いる。

5.1 エネルギー通貨 ATP

生命活動におけるエネルギーの移動には **ATP**（アデノシン三リン酸）が重要なはたらきをしている（図 5·2）。ATP は，糖のリボースと，塩基のアデニンからなるアデノシンに，3 つのリン酸が結合している。ATP の 3 つのリン酸の結合はエネルギーを蓄えており，この結合を**高エネルギーリン酸結合**という。ATP の高エネルギーリン酸結合が切断されると，リン酸を 2 つもつ ADP とリン酸になり，エネルギーが放出される。ATP がもつエネルギーは，生命活動のさまざまな場面で使われるため，ATP はエネルギーの通貨とよばれる。

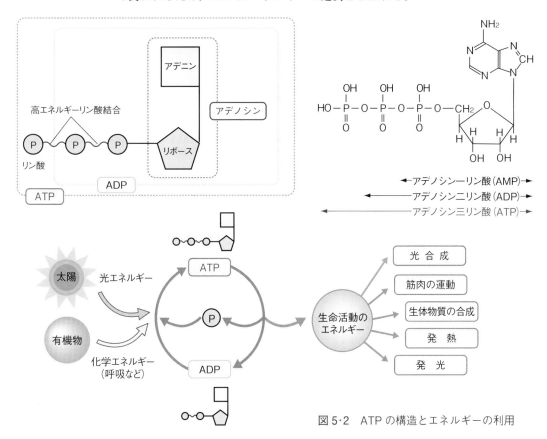

図 5·2　ATP の構造とエネルギーの利用

コラム 5.1　ATP がエネルギー通貨として使われる理由

ATP のリン酸結合のリン酸が 1 つ外れると，エネルギーが生じるのはなぜだろう。3 つのリン酸が並んだ結合は，エネルギー的に不安定であり，リン酸同士の結合が切れると安定な状態になる。ATP の 3 つ連結したリン酸を，3 つの圧縮したバネとたとえるとわかりやすいかもしれない。1 つのバネをはずすと，リラックスした ADP になる。その際に発生するエネルギーは，縮められたバネが放たれるときのエネルギーといえる。

エネルギー源として普遍的に使われるグルコースは，ATP よりはるかに大きなエネルギーをもち，グルコース 1 分子のエネルギーで約 30 分子の ATP が合成される。しかし，グルコースはエネルギーの通貨としては使われない。グルコースからエネルギーを取り出すには，長い反応過程が必要だからである。一方，ATP からは，すぐにエネルギーを取り出すことができる。1 万円札は，バス運賃の支払いや自販機では使えないことがあるが，小銭はどこでも使える。グルコースを両替が必要な 1 万円札，エネルギー通貨の ATP を小銭にたとえることができる。

5.2　呼　吸

　呼吸基質のグルコースに火をつければ，燃焼によりグルコースからエネルギーが放出される。しかし，エネルギーは光と熱として放出されるため，生物は利用できない。呼吸では，反応は段階的に進み，無駄な熱の発生を抑制して，グルコースのエネルギーをATPに移している（図5·3）。

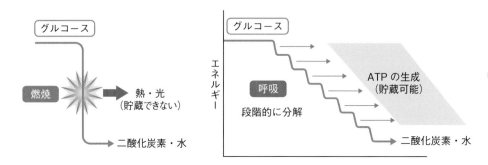

図5·3　燃焼と呼吸

　有機物がもつエネルギーの本体は電子（e⁻）にある。電子は有機物の水素原子から引き抜かれる。呼吸では，有機物の水素から高いエネルギーをもつ電子を引き抜き，電子のエネルギーを利用してATPを合成する。エネルギーレベルが低くなった電子を受け取るのが酸素であり，酸素は呼吸の過程の最後の段階で消費される。呼吸は，**解糖系**，**クエン酸回路**，**電子伝達系**の過程からなる（図5·4）。
glycolysis　　　citric acid cycle　　　electron transfer system
　細胞に取り込まれたグルコースは，細胞質基質の解糖系で分解され，生成物はミトコンドリアに入って，マトリックスのクエン酸回路で電子が引き抜かれる。引き抜かれた電子がミトコンドリア内膜の電子伝達系を流れる過程で，電子のエネルギーが利用され，ATPが大量に合成される。

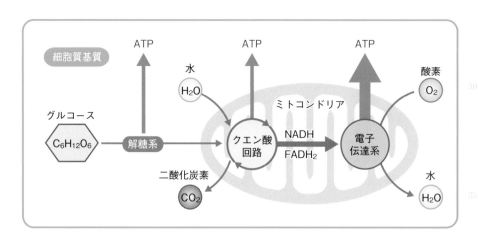

図5·4　呼吸の過程

5.2.1 解 糖 系

細胞に取り込まれた**グルコース**（$C_6H_{12}O_6$）は，細胞質基質の解糖系で**ピルビン酸**まで分解される（図5·5）。この過程で，**脱水素酵素**によりグルコースの代謝化合物1分子から，2個の電子（e^-）がNAD^+に移されて，グルコース1分子あたり2分子のNADHが生じる。NADHはミトコンドリアに入って，電子伝達系に電子を受け渡す。また，NAD^+による酸化で生じたエネルギーを用いてグルコース由来の化合物はリン酸化され，この高エネルギーリン酸結合がもつエネルギーを用いて，グルコース1分子あたり4分子のATPが合成されるが，解糖系の最初の段階でグルコース1分子あたり2分子のATPが投入されているため，差し引き2分子のATPが合成されることになる。

グルコース　　　　　ピルビン酸
$$C_6H_{12}O_6 + 2\,NAD^+ \rightarrow 2\,C_3H_4O_3 + 2(NADH+H^+) + エネルギー\,(2\,ATP)$$

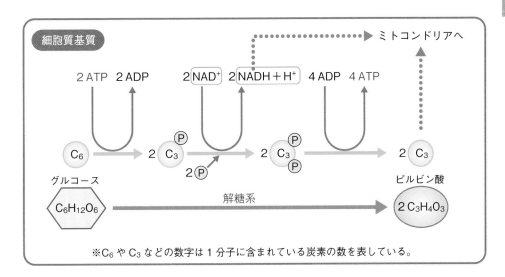

図5·5　解糖系の概要

5.2.2　クエン酸回路

解糖系で生じたピルビン酸はミトコンドリアのマトリックスに入り，クエン酸回路を回る過程で脱水素酵素により電子とH^+が外される（図5·6）。外された電子はNAD^+とFADに移されて，グルコース1分子あたり，それぞれ8分子のNADHと2分子の$FADH_2$を生じる。脱水素酵素には脱炭酸反応を行う酵素もあり，クエン酸回路でグルコースがもっていた6個の炭素がすべて外され，6分子の二酸化炭素が発生する。また，クエン酸回路ではグルコース1分子あたり，2分子のATPが生じる。NADHと$FADH_2$は，ミトコンドリア内膜に移動し，ATPの大量合成の原動力となる高エネルギー電子を，電子伝達系に運ぶはたらきをもつ。クエン酸回路での反応をまとめると，以下になる（次ページ）。

グルコース 1 分子あたり

ピルビン酸

$$2\,C_3H_4O_3 + 6\,H_2O + 8\,NAD^+ + 2\,FAD \rightarrow$$

$$6\,CO_2 + 8\,(NADH + H^+) + 2\,FADH_2 + エネルギー\,(2\,ATP)$$

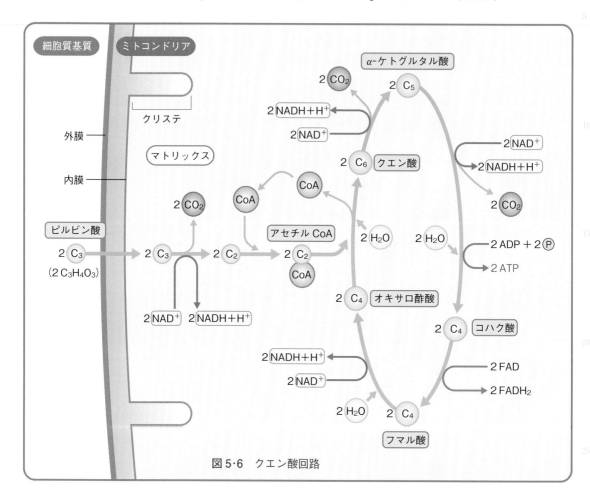

図 5・6　クエン酸回路

5.2.3　電子伝達系

　電子伝達系は，タンパク質の複合体である。電子伝達系は，解糖系で生じた 2 分子の NADH と，クエン酸回路で生じた 8 分子の NADH，2 分子の $FADH_2$ から，高いエネルギーをもつ合計 24 個の電子（e^-）を受け取る（図 5・7）。

　NADH と $FADH_2$ は電子を放出すると，それぞれ酸化状態の NAD^+ と FAD に戻る。電子がエネルギーを放出しながら電子伝達系を移動する間に，電子伝達系の**プロトンポンプ** proton pump は電子のエネルギーを利用して，H^+ をマトリックスからミトコンドリアの外膜と内膜の間（膜間）に運搬し，膜間の H^+ 濃度はマトリックスの 10 倍になる。内膜には **ATP 合成酵素** ATP synthase があり，高濃度に蓄積された H^+ が，膜間から ATP 合成酵素を通過してマトリックスに流れると ATP 合成酵素が回転し，回転の運動エネルギーで ADP とリン酸が結合され，ATP が合成される。

動画参照
（Graham Johnson）
https://youtu.be/
PjdPTY1wHdQ
「ATP 合成酵素」

電子伝達系での反応

$$10\,(NADH + H^+) + 2\,FADH_2 + 6\,O_2 \rightarrow$$
$$10\,NAD^+ + 2\,FAD + 12\,H_2O + エネルギー（約 28\,ATP）$$

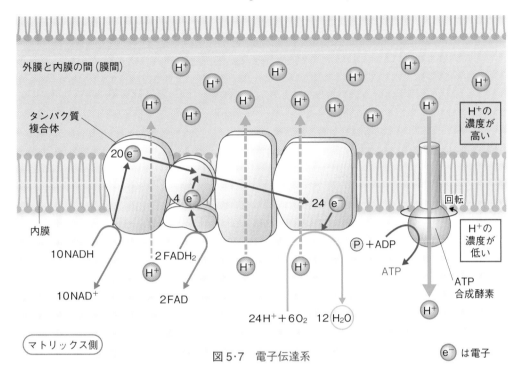

図 5・7 電子伝達系

呼吸全体での反応

グルコース
$$C_6H_{12}O_6 + 6\,H_2O + 6\,O_2 \rightarrow 6\,CO_2 + 12\,H_2O + エネルギー（約 30\,ATP）$$

5.2.4 脂肪とタンパク質のエネルギーの利用

　脂肪やタンパク質も呼吸基質となる（図 5・8）。脂肪はモノグリセリドと脂肪酸に分解され，モノグリセリドは解糖系の途中の経路に入る。脂肪酸はアセチルCoA となって，クエン酸回路に入り，呼吸に利用される。タンパク質は，アミノ

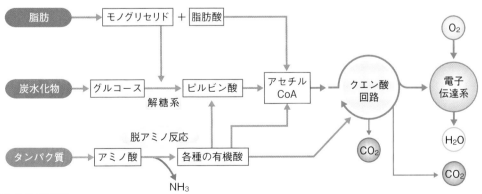

図 5・8　有機物の分解過程

酸に分解された後，アミノ酸のアミノ基がはずされ，有機酸になる。有機酸はクエン酸回路に入り，呼吸に利用される。アミノ酸からはずされたアミノ基はアンモニアとなる。

コラム 5.2　電子のエネルギー

　有機物の電子のエネルギーレベルは，古典的な電子軌道の概念を用いると理解しやすくなる。電子の軌道は，原子核の近くの軌道（低い軌道）から，遠くの軌道（高い軌道）まで，いくつかあり，低い軌道を回る電子より，高い軌道を回る電子の方が大きなエネルギーをもつ。これは，地球上の位置エネルギーにたとえられる。地球上にある物体は重力により地球の中心に引き付けられており，たとえば，坂道の上にあるボールは位置エネルギーをもち，エネルギーを放出しながら低い所に向けて動くことができる。動いているボールがもつエネルギーは位置エネルギーから運動エネルギーに変換されている。このように，電子伝達系を電子が流れる過程で，高い軌道を回る電子が，低い軌道に移るときに発生するエネルギーを利用して，**プロトンポンプ**とよばれるタンパク質の立体構造を変化させ，H^+ をマトリックスから膜間に運んでいる。
proton pump

　電子伝達系を流れる間に低エネルギーになった電子は，反応性が低くなっているが，電子を引き付ける力が大きい物質とは反応する。酸素は電子を引き付ける力が大きいため，低エネルギーの電子でも受け取ることができる。電子を受け取った酸素は還元されて水（H_2O）になる。

参考 5.2　化学エネルギーと運動エネルギー

　共有結合は強い結合であり，たとえばグルコースが共有結合して連結したセルロースは，紙の材料となったり，材木の構造体であったり，強固で変化しにくいイメージがある。ところが，ハサミで紙を切ったり，のこぎりで材木を切ったりすることを分子の世界でイメージすると，ハサミやのこぎりの力学的力で，セルロース分子の共有結合が切断されると理解できる。逆に，分子と分子を力学的な力で結びつけることもできる。ATP 合成酵素は，ADP とリン酸に相補的に結合する構造をもっており，ADP とリン酸を結合させる。ATP 合成酵素は，H^+ の流れによって生じた回転の運動エネルギーで，ADP とリン酸をぶつけるように結合させ，ATP を合成している。ミトコンドリア内膜で合成される ATP はグルコース 1 分子あたり約 28 分子と，ATP の量が一定でないのは，ミトコンドリア内膜では 1 対 1 対応の化学反応で ATP が合成されるわけではなく，運動エネルギーを化学エネルギーに変換しているためである。

コラム 5.3　ATP を無駄に合成しないしくみ

　ATP 合成酵素により合成された ATP は，ATP 合成酵素と相補的な立体構造をとらない。そのため，ATP は ATP 合成酵素から放出され，放出された ATP は細胞で利用される。一方，ATP 濃度が十分に高い場合は，ATP 合成酵素は ATP と結合する立体構造になり，ATP 分解酵素活性をもつようになる。ATP 合成酵素が，ATP 分解酵素活性により ATP を ADP とリン酸に分解すると，エネルギーが発生する。このエネルギーが，ATP 合成酵素を逆に回転させるのに利用され，H^+ がミトコンドリアの膜間に輸送され蓄積される。水力発電所で電力が余ると，余分な電力で，ダムから落ちてきた水をダムに汲み上げる。同じことを，ミトコンドリアでも行っており，ATP が必要になる事態に備えている。

参考 5.3　呼吸の化学反応系は生物に共通する

　解糖系，クエン酸回路，電子伝達系は，大腸菌からヒトに至るまでほとんどすべての生物に共通している。呼吸する生物は，約 22 億年前に出現した。22 億年もの間，呼吸というシステムを変化させなかったのは，呼吸の化学反応系の完成度があまりにも高く，これ以上優れた反応系を進化させるのが難しかったためであろう。

コラム 5.4 一重の細胞膜しかもたない細菌の ATP 合成

細菌類は細胞膜に電子伝達系があり，H^+ が細胞膜の ATP 合成酵素を通過する過程で ATP を合成する。細菌類には，ミトコンドリアのような外膜と内膜はないが，細胞膜の外側には，ペプチドグリカンからなる厚い細胞壁があり，細胞壁と細胞膜の間に H^+ を蓄積する。グラム陰性菌は，グラム陽性菌とは異なり，細胞壁の外側に脂質二重層からなる外膜をもつが，グラム陰性菌も H^+ を細胞壁と細胞膜の間に蓄積する。

参考 5.4 エネルギーの蓄積と消費

大腸菌からヒトまで，生物が最も好んで使うエネルギー源はグルコースであり，ヒトの血液にある血糖もグルコースである。血液の血糖濃度は恒常性（☞ p104）により一定に保たれているが，補給がなければすぐに消費されてしまう。グルコースは，グルコースが多数連結されたグリコーゲンとして，肝臓や筋肉に蓄えられている。血糖濃度が下がると，すぐにグリコーゲンが分解されて，グルコースが供給される。グリコーゲンは短期的な貯蔵物質であり，一日断食をするだけでほぼすべて消費される。食物を必要以上に摂取し，十分量の ATP が得られていると，ATP 合成のもととなるアセチル CoA が余分になる。余分になったアセチル CoA はクエン酸回路に入らず，逆に ATP を消費して二酸化炭素を結合し，マロニル CoA になる。次に，マロニル CoA を核として，脂肪酸の炭素鎖が伸長する。食べ過ぎによる肥満には，このしくみがはたらいている。

ヒトは安静にしていれば，水だけで数か月は生きられる。それは，脂肪やタンパク質をエネルギー源とすることができるからである。グリコーゲンが消費され，アセチル CoA がなくなると，脂肪酸の電子と水素が FAD と NAD^+ に受け渡されて $FADH_2$ と $NADH+H^+$ になり，$FADH_2$ と $NADH+H^+$ は ATP 合成経路に入る。脂肪酸も酵素により分解されてアセチル CoA となり，クエン酸回路に入り，ATP が合成される。

脂肪を使い果たしてしまうと，ついには肝臓や筋肉などのタンパク質を分解してエネルギー源とする。タンパク質は最後のエネルギー源である。タンパク質が分解されて生じたアミノ酸は，脱アミノ反応によりアミノ基（$-NH_2$）がはずされ，ピルビン酸やアセチル CoA などになり，TCA 回路に入る。お金にたとえるならば，すぐに使えるグルコースは現金，グルコースに変えられるグリコーゲンは ATM で引き落とせる普通預金，脂質は簡単には引き出せない定期預金のような高額預金，タンパク質は自身の体を切り崩すエネルギー源であることから，土地や建物の切り売りにたとえることができる。

コラム 5.5 システインの代謝と硫化水素の発生

システインが脱アミノ反応を受けてピルビン酸になる間に，システインの硫黄（S）は硫化水素や，亜硫酸イオン，硫酸イオン，チオシアン酸イオンとして放出される。S をもつアミノ酸のメチオニンは，システインに変換されてからピルビン酸になる。銀食器が黒くなるのは，生物が放出する硫化水素と銀 Ag が反応して，硫化銀 Ag_2S を生じるからである。硫化水素は腐った卵の臭いがする有毒なガスであり，ミトコンドリアの電子伝達系のシトクロム c オキシダーゼを阻害して細胞呼吸を妨げる。ヒトの体から放出される硫化水素は微量なため問題はないが，火山活動や硫酸還元細菌が発生する硫化水素は量が多く，空気より比重が大きく溜まりやすいため，危険である。

システイン　　　　　　　　　　　　　　　　ピルビン酸

5.3　発　酵

微生物が，酸素がない条件で有機物を分解し，ATP を合成する過程を**発酵**という。ATP 合成は解糖系のみで行われ，NAD$^+$による酸化で発生するエネルギーが用いられる。発酵には，乳酸発酵，アルコール発酵などがある。

5.3.1　乳酸発酵

乳酸が生成される発酵を**乳酸発酵**という。乳酸発酵を行う乳酸菌は，解糖系で生じた NADH を，ピルビン酸で酸化することにより，NAD$^+$を得る（図5·9上）。還元されたピルビン酸は乳酸になり，老廃物として細胞外に放出される。ヨーグルトや漬物はこの乳酸を利用してつくられる。

筋肉運動を激しくすると，筋肉で乳酸がつくられる。呼吸に必要な酸素が不足し，乳酸発酵と同様の過程で ATP を合成するからである。この過程を**解糖**という。筋肉に乳酸が溜まると，組織の pH が低くなり，タンパク質の機能に影響する。

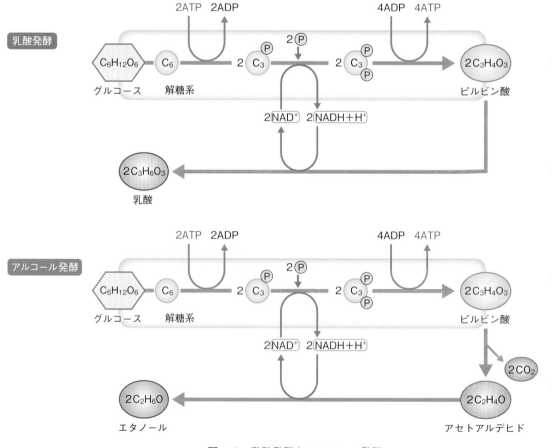

図 5·9　乳酸発酵とアルコール発酵

5.3.2 アルコール発酵

　アルコールが生成される発酵を**アルコール発酵**という。酵母では，解糖系で生じたピルビン酸を脱炭酸酵素でアセトアルデヒドにし，アセトアルデヒドでNADH を酸化することにより，NAD^+を得ている（図 5·9 下）。この過程で，老廃物としてエタノールと二酸化炭素を生じる。

参考 5.5　NAD^+の再利用

　NAD^+は細胞の中に限られた量しかないため，NAD^+が NADH となり，NAD^+が消費されてしまうと，ATP の合成ができなくなる。そのため，エタノールを生成したり，乳酸を生成したりして，その過程で NADH を酸化し，NAD^+を再生産している。呼吸では，電子伝達系で NADH が酸化され，NAD^+が再生産される。酵母は，酸素がない状態では発酵を行うが，酸素が存在すれば，より効率よく ATP が得られる呼吸を行い，エタノール発酵は行わない。十分な量の ATP があるときは，ATP が解糖系の初期段階の酵素に結合し，酵素の立体構造を変化させて活性を抑制する。このようにフィードバックにより無駄を省いている。

5.4　光　合　成

　光エネルギーを利用して，有機物を合成する過程を**光合成**という。光合成は，光エネルギーを利用して ATP と還元力の強い NADPH を合成する過程と，合成された ATP のエネルギーと NADPH の還元力を利用して二酸化炭素と水から有機物を合成する 2 つの過程からなる。

5.4.1　葉緑体と光合成色素

　植物や藻類は，葉緑体（☞ p 17）で光合成を行う。葉緑体の**チラコイド膜**には光合成色素をもつ光化学系と，電子伝達系，ATP 合成酵素があり，光エネルギーを用いて ATP と NADPH を合成する。この過程で，老廃物として酸素を生じる。チラコイドと葉緑体の内膜の間を**ストロマ**といい，ストロマで，細胞外から取り入れた二酸化炭素をもとに，ATP のエネルギーと NADPH の還元力を利用して有機物が合成される。植物の光合成色素には**クロロフィル**と**カロテノイド**がある。主要な光合成色素のクロロフィルは，おもに赤色光と青色光を吸収する。緑色光はあまり吸収されず反射するため，植物は緑色に見える。

5.4.2　光エネルギーを利用した ATP と NADPH の合成

　チラコイド膜には**光化学系 I** と**光化学系 II** があり，どちらの光化学系も，光合成色素とタンパク質の複合体である。光化学系はクロロフィルやカロテノイドなどの光合成色素を多数含んでいる。これらの光合成色素が受け取った光エネルギーは，光合成色素間で次々と受け渡されながら，反応中心にあるクロロフィルに集められる。光エネルギーを受け取った反応中心のクロロフィルは，高いエネルギーをもつ電子（e^-）を放出する。この反応を**光化学反応**という（図 5·10）。

　光化学反応は，光化学系 II から始まる。光化学系 II から放出された電子（e^-）

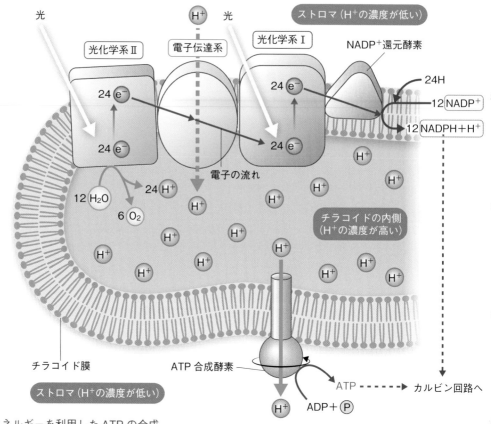

図 5·10　光エネルギーを利用した ATP の合成

のエネルギーは，電子が電子伝達系を移動する間にプロトンポンプに利用され（☞ p 28），H⁺がストロマからチラコイド膜内に運ばれる。チラコイド膜内の H⁺濃度はストロマの約 1000 倍になり，濃縮された H⁺が，ATP 合成酵素を通ってストロマに放出される過程で，ADP とリン酸から ATP が合成される。光エネルギーを利用して ADP をリン酸化するため，この ATP 合成反応を**光リン酸化**とよぶ。photophosphorylation

　電子伝達系を通る過程でエネルギーを放出した電子は，光化学系 I の反応中心にあるクロロフィルによって受け取られる。光化学系 I でも，光エネルギーが反応中心のクロロフィルに集められる。光エネルギーを受け取った反応中心のクロ

参考 5.6　光合成色素

　緑色植物の光合成色素には，青緑色で赤色光を吸収するクロロフィル*a*と，緑色で青色を吸収するクロロフィル*b*のほか，カロテノイドとしてニンジンに多く含まれる橙色のカロテンや黄色のキサントフィルがある。カロテノイドは，クロロフィルが吸収できなかった波長の光を吸収して，クロロフィルにエネルギーを集めるはたらきがある。

　光化学系の反応中心にあるクロロフィルは，光を集めるクロロフィルとは異なる。光化学系 II の反応中心はクロロフィル*a*の二量体であり，光化学系 I はクロロフィル*a*と，クロロフィル*a*の立体異性体のクロロフィル*a'*との二量体である。それぞれ励起される光が 680 nm と 700 nm であり，P680，P700 とよばれる。P680，P700 はクロロフィル*a*よりエネルギー準位が低いため，集光性クロロフィルからエネルギーを受け取りやすく，電子が飛び出しやすい性質をもつ。

参考 5.7　光合成で酸素が発生するしくみ
　光化学系Ⅱは，光エネルギーを吸収して反応中心のクロロフィルから電子を放出すると強い酸化力をもつようになり，水 (H_2O) から電子を引き抜き，反応中心のクロロフィルは電子が補充される。電子を引き抜かれた水は分解して水素イオンと酸素になる。水から引き抜いた電子が，光化学系Ⅱ→電子伝達系→光化学系Ⅰを通って $NADP^+$ 還元酵素で $NADP^+$ に受け渡される過程を，**光合成の電子伝達系**という。

ロフィルは，電子にエネルギーを注入し，高いエネルギーをもつ電子 (e^-) として放出する。電子が $NADP^+$（ニコチンアミドアデニンジヌクレオチドリン酸）還元酵素を通過する過程で，$NADP^+$ が電子を受け取り還元されて NADPH が生じる。NADPH の還元力は，二酸化炭素を還元して有機物を合成する反応に用いられる。

5.4.3　ATP のエネルギーと NADPH を利用した有機物の合成

　ストロマでは，ATP のエネルギーと NADPH を用いて二酸化炭素を還元し，有機物を合成する。この反応系は，回路になっており，発見者の名前にちなんで**カルビン回路**（カルビン・ベンソン回路）とよばれる（図 5·11）。
Calvin cycle

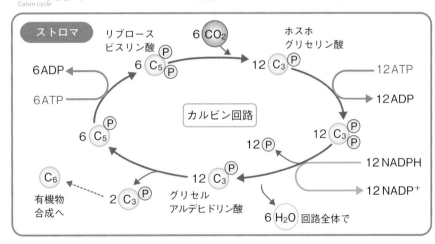

図 5·11　カルビン回路

参考 5.8　カルビン回路の詳しい反応
　カルビン回路が 1 サイクル回ると，二酸化炭素 1 分子が有機物に取り込まれる。二酸化炭素は，リブロースビスリン酸 (C_5) と結合する。二酸化炭素と結合したリブロースビスリン酸は，ただちに 2 個の化合物 (C_3) になり，化合物 (C_3) は ATP のエネルギーと，NADPH の還元作用によって**グリセルアルデヒドリン酸** (C_3) となる。グリセルアルデヒドリン酸の一部はカルビン回路を回り続け，ATP のエネルギーによってリブロースビスリン酸に戻るが，一部は回路から外れて有機物の合成に使われる。光合成の反応を化学式にまとめると，二酸化炭素と水からグルコース ($C_6H_{12}O_6$) が合成されるように見えるが，カルビン回路ではグルコースは合成されない。

光合成のまとめ

$$6\,CO_2 + 12\,H_2O + 光エネルギー \rightarrow C_6H_{12}O_6 + 6\,H_2O + 6\,O_2$$

有機物（グルコースではない）

5.4.4　有機物の輸送とデンプンの合成

　光合成で合成されたグリセルアルデヒドリン酸は，ストロマの中でフルクトースビスリン酸（C_6）を経て，デンプンになる。この葉緑体の中にできるデンプンを**同化デンプン**という（図5·12）。同化デンプンは一時的な貯蔵物質であり，夜間には分解されてグルコースとなり，細胞質でスクロース（ショ糖）に変えられる。

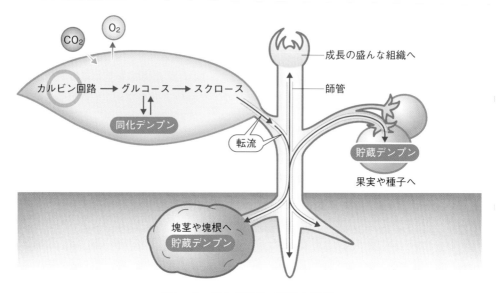

図5·12　光合成産物の輸送と貯蔵

参考5.9　乾燥に適応した植物

　イネ，コムギ，ホウレンソウなどの多くの植物は，CO_2 が固定されて最初に生じる化合物が C_3 のホスホグリセリン酸であるため，これらの植物は C_3 植物とよばれる。C_3 植物は葉肉細胞だけが葉緑体をもち，カルビン回路だけで炭素同化を行う。植物は気孔から CO_2 を取り込む。C_3 植物は光合成を行う日中に気孔を開くが，気孔から蒸散により水が失われるため，夜は閉じている。しかし，気温が高く乾燥した環境になると，日中でも気孔を閉じる。気孔を閉じると，葉の中に CO_2 が入らなくなるため葉肉細胞の CO_2 濃度が低下し，光合成速度が低下する。

　高温や乾燥に適したトウモロコシやサトウキビは，気孔を少ししか開かなくても効率よく光合成をするしくみをもっている。これらの植物では，CO_2 が固定されて最初に生じる化合物が C_4 のオキサロ酢酸であるため，C_4 植物とよばれる。気孔の開きが小さければ，CO_2 を取り込みにくくなるはずであるが，C_4 植物には CO_2 を濃縮する反応系がある。C_4 植物は，葉肉細胞と維管束鞘細胞が連携して光合成を行っている。C_4 植物の葉肉細胞と維管束鞘細胞は葉緑体をもち，葉肉細胞で CO_2 を固定するが，葉肉細胞にはカルビン回路はない。有機物を合成するカルビン回路は維管束鞘細胞にある。気孔から取り込まれた CO_2 は，葉肉細胞の細胞質基質で PEP（ホスホエノールピルビン酸）カルボキシラーゼ（PEPC）のはたらきにより PEP（C_3）と結合して C_4 のオキサロ酢酸に固定される。PEPC は CO_2 濃度が低くても効率よく CO_2 を固定する特性をもつ。オキサロ酢酸は，葉肉細胞の葉緑体に入ってリンゴ酸などの化合物（C_4）に変えられ，化合物（C_4）は葉緑体から出て，原形質連絡を通って維管束鞘細胞に移動する。維管束鞘細胞では，脱炭酸酵素により化合物（C_4）から CO_2 が外され，ピルビン酸（C_3）が生じる。CO_2 はカルビン回路に入って有機物が合成される。ピルビン酸は葉肉細胞に戻って葉緑体の中でリン酸化されて PEP（C_3）になり，細胞質基質に出て回路が一周する。この回路を C_4 回路といい，葉肉細胞で効率よく固定された CO_2 が，C_4 回路によって維管束鞘細胞に運ばれる。維管束鞘細胞では，化合物（C_4）の脱炭酸反応が活発に行われており，維管束鞘細胞の細胞壁は CO_2 をほとんど透過させないため，CO_2 が濃縮される。約100倍に濃縮された CO_2 が，カルビン回路に入って炭素固定され，有機物が合成されるため，一般に C_4 植物の光合成速度は C_3 植物より高い。

> **参考 5.10　砂糖の原料**
> 　砂糖は植物体の中を運ばれるスクロースそのものである。植物体を搾って煮詰めてつくる。植物体にスクロースを高濃度で蓄えるサトウキビや，サトウダイコンが主な原料である。メープルシロップは北米東海岸北部に分布するサトウカエデの樹液からつくられる。セミの成虫は樹皮に針を刺し，樹液に含まれるスクロースを吸い取って栄養源にしている。

　スクロースは師管を通って植物体のさまざまな部域に運ばれる。植物体のある組織から別の組織に物質が輸送されることを**転流**という。転流によって運ばれたスクロースはグルコースに分解され，エネルギー源として呼吸に用いられる。また，根や種子ではデンプンとなり貯蔵される。これを**貯蔵デンプン**という。

5.4.5　シアノバクテリア
　シアノバクテリアは光合成を行う細菌である。葉緑体はもたないが，細胞内に光化学系ⅠとⅡをもつチラコイド膜があり，葉緑体とよく似た光合成を行う。シアノバクテリアは葉緑体の祖先と考えられている（☞ p 18）。

5.5　窒素同化

　タンパク質や核酸は，窒素を含む**有機窒素化合物**である。植物は，二酸化炭素と水，**無機窒素化合物**から有機窒素化合物を合成する。無機窒素化合物を材料に，有機窒素化合物を合成する反応を**窒素同化**という（図 5·13）。

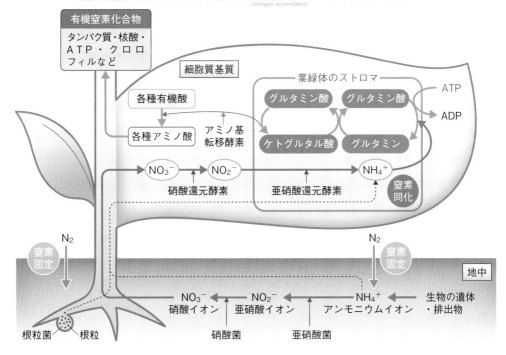

図 5·13　窒素同化と窒素固定

5.5.1　植物の窒素同化

　植物は，硝酸イオン（NO_3^-）やアンモニウムイオン（NH_4^+）などの無機窒素化合物を根から吸収し，有機窒素化合物を合成する。硝酸イオンは，葉の細胞の細胞質基質で亜硝酸イオン（NO_2^-）に還元され，亜硝酸イオンは葉緑体に入る。亜硝酸イオンは葉緑体のストロマでアンモニウムイオンに還元される。次に，ATP のエネルギーを利用して，アンモニウムイオンはグルタミン酸と結合し，**グルタミン**となる。グルタミンを基点として，グルタミンのアミノ基が別の有機酸に転移することにより，さまざまなアミノ酸がつくられる。

5.5.2　窒素固定

　窒素（N）は大気中に窒素分子（N_2）として大量に存在するが，ほとんどの生物は N_2 を利用することができない。利用しているのは，遺体や排出物に含まれるタンパク質や核酸が分解されて生じた無機窒素化合物である。N_2 から無機窒素化合物を生成する生物もいる。シアノバクテリアや，マメ科植物の根に共生する**根粒菌**（rhizobia）は，N_2 を利用してアンモニウムイオンにすることができる。N_2 を窒素化合物に変える反応を**窒素固定**（nitrogen fixation）という（図 5・13）。根粒菌は植物に無機窒素化合物を提供し，植物から栄養源の有機物を受け取っている。根粒菌が合成したアンモニウムイオンの一部は，植物が根から吸収する。多くは土壌に放出され，**亜硝酸菌**（nitrite bacteria），**硝酸菌**（nitrate bacteria）により酸化され，硝酸イオンとなって植物に吸収される。硝酸イオンとして植物に取り込まれた窒素は，アミノ酸や核酸の原料となり，植物の成長に利用され，植物を食べる動物の成長にも利用される。

さまざまな生命活動に かかわるタンパク質

6章

タンパク質は，化学反応を触媒する酵素としてはたらくことを学んだ。他にも，タンパク質はさまざまなはたらきを担っている。生体膜をはさんで特定の物質を通過させるタンパク質や，細胞の骨格となるタンパク質，細胞の接着にかかわるタンパク質，情報伝達や免疫にかかわるタンパク質などである。そのはたらきのすべてに，タンパク質と物質の相補的結合と，それに伴うタンパク質の立体構造の変化がかかわる。タンパク質の立体構造の変化の視点で，タンパク質のさまざまなはたらきを見ていこう。

6.1 生体膜の構造と性質

細胞膜は細胞内と細胞外を隔てる役割をもつとともに，細胞外から必要な物質を通過させて取り込み，細胞内から老廃物などを放出するはたらきももつ。細胞膜や細胞小器官の生体膜は，脂質二重層でできている。脂質二重層の表面は親水性であるが，内側は疎水性のため，電荷をもつイオンや，親水性のグルコース，アミノ酸，水を通さない。一方，疎水性の酸素（O_2）や二酸化炭素（CO_2），エストロゲン（☞ p 111）などの低分子の脂質は透過させる。生体膜にはさまざまなタンパク質が埋め込まれており，親水性の物質はタンパク質を介して生体膜を通過する。

6.1.1 細胞膜と物質の出入り

物質は濃度勾配にしたがって，濃度の高い側から低い側に移動する性質がある。この現象を**拡散**という（図6·1）。生体膜を介した物質の移動には，拡散にもとづく**受動輸送**と，濃度勾配に逆らって輸送する**能動輸送**がある。能動輸送にはエネルギーが必要である。
diffusion
passive transport
active transport

細胞外の濃度が高く，細胞内の濃度が低い酸素は，拡散により細胞膜を透過し，細胞内に入る。細胞内の濃度が高く，細胞外の濃度が低い二酸化炭素は，拡散により細胞膜を透過し，細胞外に出る。

細胞膜には，特定の物質のみを通過させるタンパク質がある。このタンパク質の性質を**選択的透過性**といい，**チャネル**と**トランスポーター**がある（図6·1）。チャネルは特定のイオンや水を拡散により通過させる。チャネルにはナトリウムイオン（Na^+）を特異的に通過させる**ナトリウムチャネル**（Na^+チャネル）や，カル
selective permeability
channel
transporter

シウムイオン（Ca²⁺）を特異的に通過させる**カルシウムチャネル**（Ca²⁺チャネル）などがある。水を通過させるチャネルを特に**アクアポリン**とよぶ。トランスポーターは，アミノ酸やグルコースなどの，比較的小さく，親水性の分子を通過させる。トランスポーターには，受動輸送を行うものと，能動輸送を行うものがある。ATP や電子のエネルギーを利用して，特定の物質を濃度勾配に逆らって輸送するタンパク質を**ポンプ**という。ポンプには**ナトリウムポンプ**や**プロトンポンプ**がある（図6･2）。

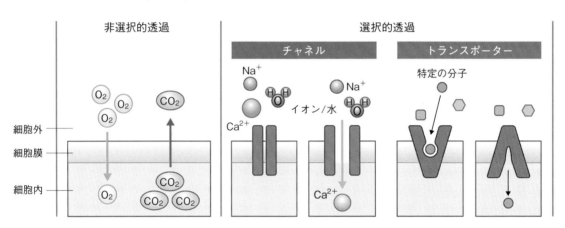

図6･1　拡散による輸送と，チャネルとトランスポーターによる輸送

参考6.1　チャネルとタンパク質の立体構造

　物質を通過させたり，運搬したりする細胞膜のタンパク質は，脂質二重層を貫通している。チャネルのタンパク質分子には，細胞内外を結ぶ細い通路のような空間があり，通路は特定のイオンだけを通す立体構造になっている。

参考6.2　トランスポーターとタンパク質の立体構造

　グルコーストランスポーターは細胞外から細胞内にグルコースを輸送する。グルコースが結合できる状態のグルコーストランスポーターは，細胞外に開いた構造をしており，細胞外に面したポケット状の部分は，グルコースを特異的に結合する立体構造になっている。受動輸送するグルコーストランスポーターは，グルコースが結合すると立体構造が変わり，細胞内に開いた構造になるとともに，グルコースを結合していたポケットの構造が変わり，グルコースが結合できなくなる。その結果，グルコースが細胞内に放出される。グルコースを放出すると立体構造が変わり，再び細胞外に開いた構造になる。

　トランスポーターが内側に開いた構造から，外側に開いた構造に変化するにはエネルギーが必要である。ATP のエネルギーを必要としないのは，グルコースの濃度勾配によって生じたグルコースの移動に伴う運動エネルギーが，トランスポーターに蓄えられ，そのエネルギーにより立体構造を変化させるからである。グルコースの流れの運動エネルギーにより，トランスポーターのポリペプチド鎖がバネのように押し縮められ，そのバネの反発力で元の立体構造に戻ると考えるとわかりやすい。

　腸管上皮細胞で能動輸送するグルコーストランスポーターは，Na⁺輸送と共役させている。細胞外の高い濃度のNa⁺を細胞内に受動的に輸送するときに生じるNa⁺の流れのエネルギーを利用して，細胞外の低い濃度のグルコースを細胞内に取り込む。ある物質が，他の物質と連動して輸送されることを**共役輸送**という。共役輸送では ATP のエネルギーを直接は用いないが，濃度勾配に逆らって輸送する能動輸送である。

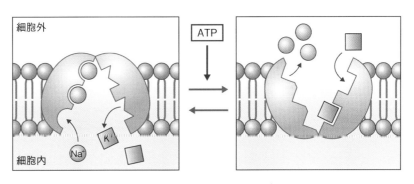

図6·2 ナトリウムポンプ

参考 6.3 ポンプとタンパク質の立体構造変化

　ナトリウムポンプは，Na^+ を結合するときは細胞内に開いた構造をしている。この状態のナトリウムポンプは，Na^+ を特異的に結合する立体構造のポケットを 3 つもっている。Na^+ が 3 個のポケットに結合すると，ナトリウムポンプの立体構造が変わり，ナトリウム-カリウム ATP アーゼとよばれる酵素活性をもつようになる。この ATP アーゼ活性により，ATP を分解してエネルギーを受け取ると，立体構造が変わり，細胞外に開いた状態になる。同時に，Na^+ を結合していたポケットの立体構造も変わり，Na^+ を結合できなくなる。そのため，Na^+ は細胞外に放出される。

　また，K^+ を特異的に結合する構造のポケットが 2 つ生じる。細胞外に開いたナトリウムポンプが，K^+ を 2 つ結合すると再び立体構造を変え，細胞内に開いた構造になる。同時に，K^+ を結合していたポケットの立体構造が変わり，K^+ が細胞内に放出される。

　このように，物質と結合したり，エネルギーを投入されたりすると，タンパク質の立体構造が変わり，物理的な力が発生して，物質が能動的に輸送される。

動画参照
(Bozeman Science)
https://youtu.be/
y31DlJ6uGgE
「細胞膜」

6.1.2 チャネルの開閉の調節

　チャネルの開閉は調節されており，状況によって開いたり閉じたりする。神経情報伝達（☞ p 130）などの情報伝達にかかわるチャネルは，シグナル分子とよばれる情報伝達物質が結合すると立体構造が変化し，チャネルが開く。タンパク質に特異的に結合する低分子を**リガンド**という（図6·3）。シグナル分子が結合

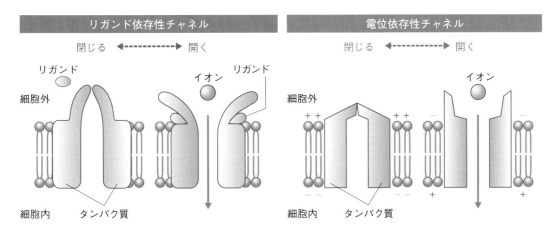

図6·3 リガンド依存性チャネルと電位依存性チャネル

することにより，開閉が調節されるチャネルを**リガンド依存性チャネル**とよぶ。
ligand-gated channel
チャネルを通って特定のイオンが細胞内に流入すると，流入したイオンが引き金
となって，細胞内のシグナル伝達系（☞ p99）がはたらき，細胞が刺激に応答する。
ニューロンの興奮を伝える軸索（☞ p131）のチャネルは，細胞膜の電位が変化
すると立体構造が変わり，チャネルが開く。電位の変化により開閉が調節される
チャネルを**電位依存性チャネル**とよぶ。
voltage-gated channel

> **参考6.4　その他のチャネル**
> チャネルに機械的な力が加わると開くチャネルを機械刺激依存性チャネルという。皮膚
> の触覚，内耳の聴覚，重力感覚などにかかわる。温度によって開閉するチャネルを温度依
> 存性チャネルという。皮膚の感覚細胞などにある。

6.1.3　エキソサイトーシスとエンドサイトーシス

　細胞膜の輸送タンパク質を通過できないような大きな物質の輸送は，小胞で運
ばれる（☞ p17：ゴルジ体）。小胞が細胞膜と融合すると，小胞の内容物は細胞
外に放出される。この分泌の様式を**エキソサイトーシス**という。細胞膜がくびれ
exocytosis
て小胞を形成し，小胞の中に細胞外の物質を取り込む様式を**エンドサイトーシス**
endocytosis
とよぶ（図6·4）。

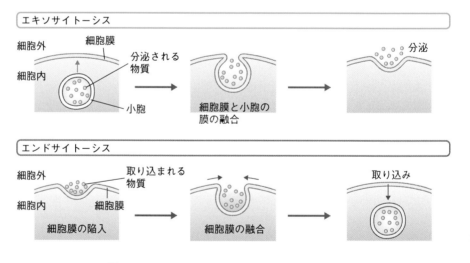

図6·4　エキソサイトーシスとエンドサイトーシス

6.2　細胞骨格

　細胞の形の形成や，細胞の運動，細胞小器官や細胞内の物質の移動には，細胞
骨格とよばれる繊維状の構造がかかわっている。細胞骨格はタンパク質が連なっ
てできており，**アクチンフィラメント**，**微小管**，**中間径フィラメント**がある（図
actin filament　　　　　microtubule　　　intermediate filament
6·5）。

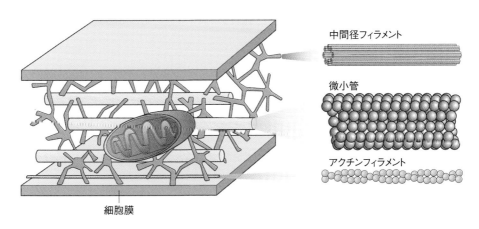

図 6·5 中間径フィラメント, 微小管, アクチンフィラメント

6.2.1 アクチンフィラメント

　アクチンフィラメントは, アクチンとよばれるタンパク質が連なった, 直径約 7 nm, 右巻き二重らせん, 繊維状の構造である。細胞の形の形成や, 収縮, 進展, 運動にかかわる。筋肉の主要タンパク質であり, 筋収縮の足場となる (☞ p 13, 138)。アクチンフィラメントには方向性があり, プラス端とマイナス端がある (図 6·6)。アクチンは ATP と結合し, 主としてプラス端に付加される。アクチンが重合すると, ATP が加水分解され, ADP 結合型アクチンは, マイナス端から脱重合する。アクチンフィラメントは, モータータンパク質のミオシン (☞ p 13) の足場となり, ミオシンはアクチンフィラメントのプラス端に向けて運動する。

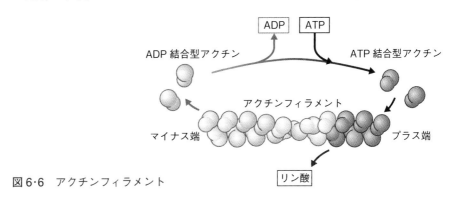

図 6·6 アクチンフィラメント

コラム 6.1 細胞が運動するしくみ

　白血球のように動き回る細胞の運動には, アクチンの重合と脱重合がかかわる。十分に大きな袋の中に, 人が入った状態を思い浮かべるとわかりやすいかもしれない。袋の片側に体をぶつけると, ぶつけた方向に進む。反対側の袋は引きずられるように動く。細胞が進む方向の細胞膜の内側は, アクチンが重合して硬い状態になっており, 反対側は脱重合している。アクチンの重合は, 細胞外からの情報によって調節されている。白血球は, 細菌などの異物が発する匂い物質を, 細胞膜の受容体で感知して, 細胞内シグナル伝達系 (☞ p 99) に伝え, アクチンを重合させている。

動画参照
(Andres Trevino)
https://youtu.be/l_xh-bkiv_c
「動き回る白血球」

さまざまな生命活動にかかわるタンパク質

6.2.2　微　小　管

　微小管は，チューブリンとよばれるタンパク質が連なった直径約 25 nm の管状の繊維構造である（図6·7）。細胞の形の形成にかかわったり，染色体や細胞小器官を運搬するモータータンパク質（☞ 6.3節）の足場としてはたらいたりする。動物の細胞では，中心体を起点として，細胞の周辺に向けて伸びている。繊毛や鞭毛では，骨格を構成しており，運動にかかわる。チューブリンには α と β があり，α と β からなる二量体を単位として重合する。微小管には方向性があり，α チューブリンが末端にある側をマイナス端といい，β チューブリンが末端にある側をプラス端という。動物細胞では，中心体側にマイナス端があり，細胞膜側がプラス端となっている。モータータンパク質は微小管の方向性にしたがって運動する。チューブリン二量体は主としてプラス端に付加される。遊離のチューブリン二量体には，高エネルギー結合をもつ GTP が結合しており，GTP 結合型チューブリンが微小管の末端に付加されると微小管の構成員として安定的に存在する。GTP が加水分解され，GDP 結合型チューブリンになると，不安定化し，微小管の脱重合が起こる。

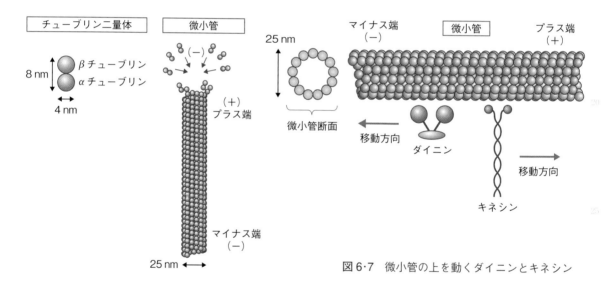

図6·7　微小管の上を動くダイニンとキネシン

6.2.3　中間径フィラメント

　中間径フィラメントは，直径がアクチンフィラメントと微小管の中間であるフィラメントの総称である。細胞や核の形を保つはたらきがある。核膜を裏打ちするラミン，細胞質全体に広がるビメンチンなど，多くの種類がある。

6.3　モータータンパク質

　ATP の化学エネルギーを運動エネルギーに変換するタンパク質の総称をモータータンパク質という。ミオシン，ダイニン，キネシンがある。細胞骨格を足場に
myosin　　dynein　　kinesin

して運動する。

　ミオシンは，アクチンフィラメントを足場に，プラス端に向かって運動する（☞ p 13）。筋肉の収縮（☞ p 139）や，動物細胞の細胞分裂において細胞質をくびり切る収縮環で力を発生させるはたらきがある。

　ダイニンは，微小管を足場にマイナス端に向かって運動する。繊毛や鞭毛の運動，細胞小器官や染色体の運搬にかかわる。繊毛や鞭毛の波運動は，微小管の間にあるダイニンが動くことにより，微小管がずれて曲がることによる（図6·8）。

　キネシンは，微小管を足場にプラス端に向かって運動する。細胞小器官や染色体の運搬にかかわる（図6·9）。

動画参照
(DvonWangenheim)
https://youtu.
be/7sRZy9PgPvg
「細胞内輸送」

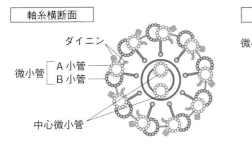

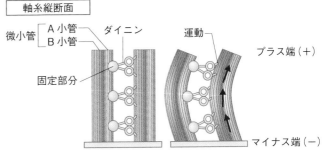

図6·8　鞭毛の屈曲運動

6章

さまざまな生命活動にかかわるタンパク質

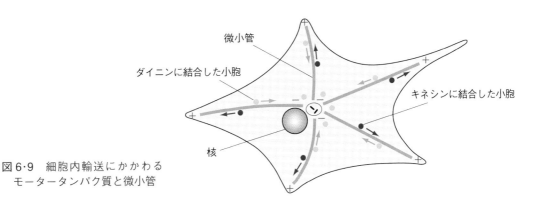

図6·9　細胞内輸送にかかわる
　　　モータータンパク質と微小管

6.4　細胞接着

　多細胞生物では，同じはたらきをもつ細胞が集まって組織をつくり，組織が集まって器官や個体を構成している。細胞は，他の細胞や細胞外の構造とタンパク質を介して接着しており，これを**細胞接着**という。細胞は，同じ種類の細胞か異
_{cell adhesion}
なる種類の細胞かを認識して，同じ種類の細胞と接着する。これを，**細胞選別**という。動物の体表や，消化管の表面を覆う組織を上皮組織といい，上皮組織の細
_{sorting out of cells}
胞は**接着結合**，**密着結合**，**デスモソーム**とよばれる結合様式で，互いに緊密に接着
adherens junction　tight junction　　desmosome
している（図6·12参照）。

6.4.1　細胞選別にかかわるカドヘリン

　細胞選別と細胞接着には，細胞膜を貫通する**カドヘリン**とよばれるタンパク質
がかかわっている（図6·10）。同じ種類のカドヘリンをもつ細胞同士は接着する
ことができる。カドヘリンの細胞外ドメインの構造は，同じ種類の細胞であれば
同じであり，互いに相補的な立体構造をもつため，カドヘリン同士が結合する。
その結果，細胞が接着する。異なる種類のカドヘリンをもつ細胞とは接着しない。

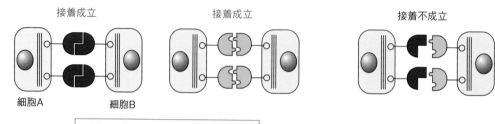

図6·10　カドヘリンによる選択的細胞接着

コラム6.2　カエル胚の解離細胞再集合実験

　発生途中のカエルの胚（発生の最初の段階の個体を胚という）の細胞を解離させ，培養すると，カドヘリンによる
選択的細胞接着により，同じ種類の細胞同士が接着し集合する（図6·11）。しかも，もとの胚での分布とほぼ同様に，
神経細胞は中央に集まり，その周辺を結合組織が覆い，最外層を表皮細胞が覆う。細胞膜による細胞選別と，細胞内
シグナル伝達系（☞p99）を介した自律的な細胞運動により，適切な位置に細胞が配置されるのである。

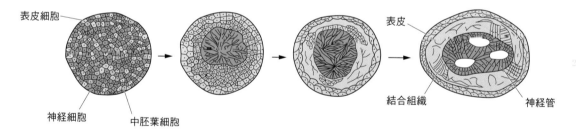

図6·11　カエル胚の解離細胞再集合

6.4.2　細胞と細胞の接着

　カドヘリンが部分的に集まった接着様式を**接着結合**という（図6·12）。細胞内
では，連結タンパク質を介してアクチンフィラメントと結合しており，上皮組織
に強度を与えている。細胞と細胞を小さな分子も通れないほど強固に結びつける
結合を**密着結合**という。上皮細胞の側面を取り巻くように分布しており，上皮組
織の外側の物質が，上皮細胞の隙間を通って，上皮組織の内側に入り込まないよ
うにしている。**デスモソーム**は，隣り合う細胞を強固に結合させる構造であり，
細胞内では中間径フィラメントが結合している。組織の強度を高めるはたらきが

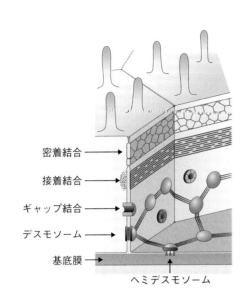

密着結合 →
接着結合 →
ギャップ結合 →
デスモソーム →
基底膜 →
ヘミデスモソーム

図 6・12 密着結合, 接着結合, ギャップ結合, デスモソーム, ヘミデスモソーム

ある。隣り合う細胞を直接結びつける筒状の構造の結合を**ギャップ結合**という。ギャップ結合を介して, イオンや小さな分子が細胞間を移動する。植物にも細胞壁を貫いて細胞質が連絡する同様の構造があり, これを**原形質連絡**という。

参考 6.5 細胞は細胞外マトリックスとも接着する

動物には, 細胞間の間隙が広く, 間隙が繊維状の構造で満たされている組織があり, これを**結合組織**という。結合組織の細胞間隙には, 多糖類のヒアルロン酸や, コンドロイチン硫酸, 繊維状のタンパク質のコラーゲンが含まれている。このような細胞外の構造を**細胞外マトリックス**という。細胞外マトリックスには, 上皮組織を裏打ちする膜状の構造があり, これを特に**基底膜**という。上皮細胞は基底膜とヘミデスモソームで結合している。ヘミデスモソームはインテグリンとよばれるタンパク質を介して, 中間径フィラメントと結合している。上皮組織は, 基底膜と強固に結合して, 組織の強度を高めている。

6.5 情報伝達にかかわるタンパク質

多細胞生物は, 細胞間で情報を伝達し合って, 細胞の分化を調節したり, 体全体の機能を調節したりしている。細胞間の情報伝達にはおもに情報伝達物質がかかわる。情報伝達物質を受け取る細胞を標的細胞といい, 標的細胞には情報伝達物質を受け取る**受容体**がある。受容体はタンパク質でできている。受容体と情報伝達物質の間には特異性があり, 受容体の種類によって受け取る情報伝達物質が異なる。情報伝達物質にもインスリンや成長ホルモンなど, タンパク質でできているものもある。受容体が情報伝達物質を受け取ることで, 細胞から細胞へ情報が伝達され, 情報を受け取った標的細胞の活動が調節される (☞ p 97)。物質の受け渡しを伴う情報伝達には, ホルモンや神経伝達物質による情報伝達や, 免疫における抗原提示などがある。

参考 6.6 情報伝達の様式と受容体

情報伝達の方法には, 情報伝達物質が分泌される分泌型と, 細胞どうしが接触して行われる接触型がある。分泌型には, ホルモンや神経伝達物質, 免疫ではたらくサイトカインなどがある。接触型には, 抗原提示などがある。タンパク質でできた情報伝達物質は細胞膜の受容体が受け取り, 細胞内に情報が伝達され, 細胞の活動が調節される。糖質コルチコイドのような疎水性のホルモンは細胞膜の脂質二重層を通過して細胞内に入る。疎水性のホルモンの受容体は細胞質基質にあり, 受容体にホルモンが結合すると受容体が核に入る。ホルモンが結合した受容体は核の中で, 特定の遺伝子の転写調節領域に結合して, 転写因子として遺伝子の転写を調節する (☞ p 67)。

7章 細胞分裂と細胞周期

多細胞生物は，1細胞の受精卵から出発して細胞分裂を重ね，細胞の数を増やす。ヒトの成体は，約37兆個の細胞で構成される。生殖細胞以外の，体を構成する細胞を体細胞という。体細胞分裂では，遺伝情報をもつDNAが正確に複製され，2つの娘細胞に正確に分配される。したがって，体細胞のすべてが同じ遺伝情報をもつことになる。1個の体細胞が2個に複製される過程は，次々と周期的に起こる。そのため，これを細胞周期とよぶ。

7.1 細胞周期とDNAの分配

細胞周期は，分裂期（**M期**）と，分裂期以外の間期に分けられる。間期はDNA合成期（**S期**）と，S期の前の**G₁期**と，後の**G₂期**に分けられる。Gとはギャップ（空白，欠落）の意味であるが，遺伝子がはたらく重要な時期である。なお，遺伝子がはたらくことを遺伝子の発現という。細胞周期は，G_1期→S期→G_2期→M期→を繰り返す。

ヒトの体細胞の染色体の数は46本であり，23本は母方に由来し，もう23本は父方に由来する。23本一組の染色体数をnで表すと，体細胞の染色体数は$2n$と表される。細胞周期のS期が終わると，DNAは$4n$に相当する量になり，M期が終わると$2n$に戻る（図7·1）。

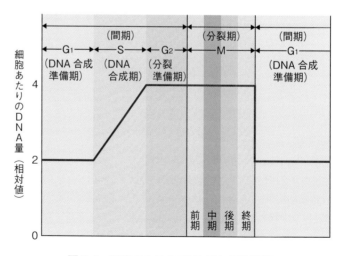

図7·1 細胞あたりのDNA量と細胞周期

7.2 体細胞分裂の過程

体細胞分裂では，最初に核が分裂し，続いて細胞質が分裂する。M 期の過程は，前期，中期，後期，終期に分けられる（図 7・2）。M 期の前期では，クロマチンが凝集し，核小体と核膜が消失する。動物細胞では，中心体が複製されて中心体の周りに微小管が放射状に形成される。2 つの中心体は，それぞれ両極に移動し，微小管を骨格とする紡錘体とよばれる構造ができる。

凝集したクロマチンは，光学顕微鏡で観察できるまで太くなり，**染色体**となる。染色体は複製されており，2 本の染色体が並列して接着した状態にある。複製されて，並列に接着した染色体のそれぞれを**染色分体**といい，染色分体は**動原体**とよばれる部分で結合している。中期には，染色体は**紡錘体**の赤道面に並び，後期には，染色分体が縦裂して両極に移動する。終期には，染色体がほどけ，核膜と核小体が現れ，細胞質が分裂して，2 つの娘細胞となる。

動画参照
（CoolScienceVideos）
https://youtu.be/
yqESR7E4b_8
「DNA の複製」

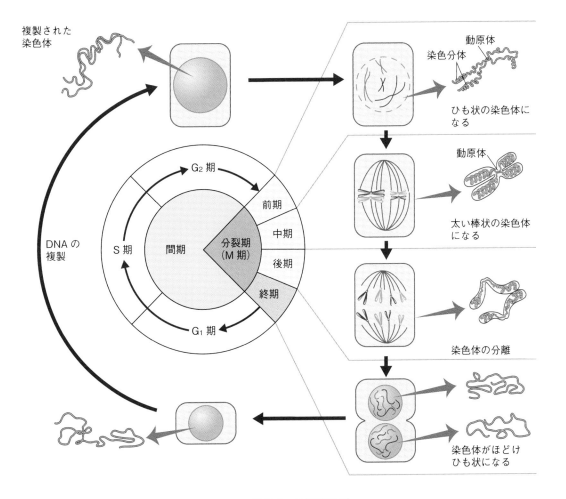

図 7・2 体細胞分裂

コラム 7.1　DNA がもつれずに分配される理由

　ヒトの体細胞がもつ染色体の数は 46 本である。S 期に複製されると 92 本になる。1 本の染色体の DNA の平均の長さは約 5 cm であり，μm で表すと 50,000 μm となる。50,000 μm の長さの DNA が，直径 10 μm の核の中に 92 本も入っていると，もつれて分配される過程で切断されると考えられる。核分裂ではクロマチンが凝集し，長さが約 10,000 分の 1 の染色体になる。コンパクトな染色体として分配されるため，もつれず，ぶつかってもちぎれることはない。

参考 7.1　微小管とモータータンパク質が中心体を動かす

　動物細胞の微小管は，中心体側がマイナス端，反対側がプラス端となるように配置されている（図 7·3）。核分裂前期では，S 期に複製されて生じた 2 つの中心体のそれぞれから，微小管が放射状に形成される。そのため，2 つの中心体の間では逆方向の微小管が交じり合って配置されることになる。逆方向の微小管には，キネシンが架橋するように結合しており，キネシンが微小管のプラス端に向けて移動すると，互いに微小管と中心体を押し出すことになる。その結果，2 つの中心体が引き離されるように両極に移動する。この過程で形成される紡錘形の微小管の構造を紡錘体といい，紡錘体は核分裂期の染色体の移動にかかわる。

参考 7.2　複製された染色体が均等に両極に分配されるしくみ

　動物細胞では，紡錘体の微小管は中心体を起点として形成されており，染色体は動原体の部分で紡錘体の微小管のプラス端に結合する。動原体が結合した微小管のプラス端では重合が起きており，染色体を付着したまま微小管が伸長する。両極で同じことが起きるため，染色体は紡錘体の赤道面に集まる。接着した 2 本の染色分体の動原体は，それぞれ反対方向を向いている。そのため，2 つの染色分体は，それぞれ異なる極から伸びた微小管と結合する。後期では，動原体が微小管のプラス端に結合したまま，微小管のマイナス端で脱重合が起きて微小管が短くなる。微小管が短くなると，2 本の染色分体に張力がかかり，染色分体は引き離されて，それぞれの極に移動する。両極の細胞膜の内側にはダイニンが付着しており，ダイニンが微小管のマイナス端に向かって移動する。その結果，相対的に中心体が両極の細胞膜に引き寄せられ，染色体も細胞の両極に引き寄せられる（図 7·3）。

　染色体を観察するには，組織を微小管の重合を阻害するコルヒチンを含む溶液に浸す。こうすると微小管の重合が起きないため，染色体の移動と染色分体の分離が起こらず，細胞周期は M 期の中期で停止する。2 本の染色分体が動原体の部分で結合しているため，染色体は X 字形に見える。

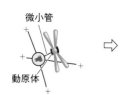

紡錘体極からの微小管の伸長と
微小管プラス端の動原体への付着

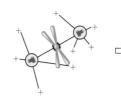

動原体に付着した微小管の伸長と
対極から伸びた微小管の動原体への付着

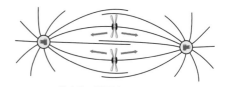

微小管の脱重合による
両極に向けた張力の発生

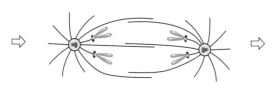

張力による染色分体の分離

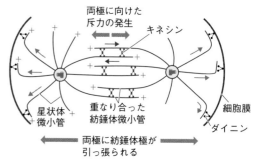

図 7·3　微小管とモータータンパク質が中心体と染色体を動かす

7.3 チェックポイント

　真核生物には，遺伝情報の複製と分配に不都合があれば，ただちに細胞周期の運行を停止するチェック機構がある。不都合が解消されると細胞周期の進行が再開されるが，解消されない場合は細胞死が引き起こされる。チェックする特定の時期を**細胞周期チェックポイント**といい，**G_1/S チェックポイント**と**G_2/M チェックポイント**，**中期 - 後期遷移チェックポイント**がある（図7·4）。G_1/S チェックポイントは細胞周期の開始点にあり，S 期に入るための環境が整っているか，DNA に損傷はないかをチェックする。G_2/M チェックポイントでは，DNA 複製が完成しているか，DNA に損傷はないかを，中期 - 後期遷移チェックポイントでは，すべての染色体が紡錘体の微小管に付着したかをチェックする。

　G_1/S チェックポイントと G_2/M チェックポイントの通過には**サイクリン依存キナーゼ**（**Cdk**：<u>c</u>yclin-<u>d</u>ependent <u>k</u>inase）が中心的な役割を担っている。Cdk は細胞周期で量的な変動はないが，量的に変動するサイクリンとよばれるタンパク質が結合することによって活性化する。サイクリンには G_1 と G_1/S，S，M があり，複合体を形成するサイクリンの種類により Cdk の標的タンパク質が変わる（図7·5）。サイクリン -Cdk 複合体は，DNA 複製の開始（☞ p54）や，クロマチンの凝集，核膜の消失，紡錘体の形成，染色体の接着・分離にかかわるタンパク質をリン酸化する。タンパク質がリン酸化を受けると，負の電荷が導入されるため，立体構造が変化して活性化されたり抑制されたりする。キナーゼとは，特定のタンパク質をリン酸化するはたらきをもつ酵素の総称である。

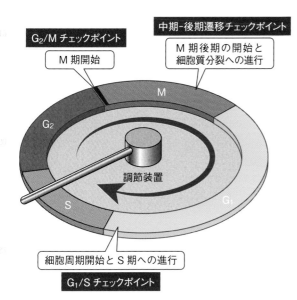

図7·4　細胞周期とチェックポイント

（図中ラベル）
G_2/M チェックポイント
M 期開始
中期-後期遷移チェックポイント
M 期後期の開始と細胞質分裂への進行
調節装置
細胞周期開始と S 期への進行
G_1/S チェックポイント

7章
細胞分裂と細胞周期

参考7.3　細胞周期とがん関連遺伝子

　G_1/S チェックポイントではたらくタンパク質 p53 の遺伝子はがん抑制遺伝子（☞ p126）の1つである。p53 は合成されるとすぐに分解されるため，細胞内の濃度は低く保たれている。DNA が損傷すると，損傷を認識したタンパク質が p53 をリン酸化する。リン酸化により立体構造が変化した p53 は分解を受けなくなり，安定して存在するようになる。p53 は，細胞周期を G_1/S チェックポイントで止めるはたらきがあり，細胞分裂が停止する。p53 には，DNA 損傷を修復する遺伝子の発現を促すはたらきもある。DNA が修復されると p53 が分解され，細胞周期が再開される。DNA の損傷が大きく，修復が不可能な場合は，p53 がアポトーシス（☞ p125）を起こす遺伝子の発現を促進し，細胞死が引き起こされる。p53 遺伝子が欠損したり機能しなかったりすると，DNA が損傷したまま細胞が増殖することになり，細胞のがん化につながる。

　サイクリンはがんを引き起こすがん遺伝子（☞ p126）の1つである。正常に機能するサイクリンは細胞周期を調節する重要なはたらきがあるが，過剰に発現したり，分解されなかったりするような変異があると，細胞はがん化する。

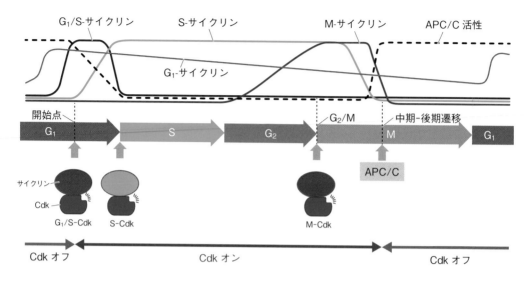

図7・5　細胞周期に伴うサイクリンの出現

参考7.4　細胞周期の制御
　G_1- サイクリンと Cdk の複合体を G_1-Cdk と表す。G_1-Cdk は G_1 期の後期に G_1/S- サイクリンを発現させる。生じた G_1/S-Cdk は細胞周期を開始させ，S- サイクリンを発現させる。G_1/S- サイクリンは G_1 期の最後に分解されて消失する。S-Cdk は，DNA 複製を開始・進行させ，S 期の最後に M- サイクリンを発現させる。S- サイクリンは M 期の前期まで存続する。M- サイクリンは G_2 期に発現を開始し，M-Cdk は M 期の核分裂を進行させる。M-Cdk が後期促進複合体（APC/C：anaphase promoting complex/cyclosome）をリン酸化して活性化すると[*]，S- サイクリンと M- サイクリンが分解され，細胞周期の進行が後戻りできなくなる。この時期を**中期 - 後期遷移点**という。M 期が終了して G_1 期に入り，増殖刺激が来ると APC/C が不活性化され，再び細胞周期が開始される。
＊注：リン酸化により多くのタンパク質は活性化されるが，活性を失うタンパク質もある。

コラム7.2　細胞周期を後戻りさせないしくみ
　細胞周期を進行させる Cdk は，サイクリンが存在しないとキナーゼ活性をもたない。サイクリンは，特定の役割を果たすと，プロテアソームとよばれるタンパク質分解酵素によりすみやかに分解される。サイクリンを失った Cdk はキナーゼ活性を失う。分解されて消失する反応は不可逆的であり，この分解こそが，細胞周期を後戻りさせないしくみである。新たに別のサイクリンが合成されると細胞周期は前に進む。

コラム7.3　ウニで発見されたサイクリン
　ウニの卵は大量に簡単に手に入れることができる。また，海水で希釈した精子と混ぜるだけで，卵をいっせいに受精させ，細胞分裂を開始させることができる。そのため，細胞周期がそろった細胞を大量に得ることができ，タンパク質を化学的に分析するのに十分な量が得られる。この優れた性質を利用して，イギリスの生物学者ティモシー・ハントは，細胞周期に伴って出現・消失するタンパク質を発見した。そのタンパク質は，周期的に現れるためサイクリンと名づけられた。サイクリンはヒトでも同じはたらきをしており，がんの発症にもかかわることが明らかになり，ハントは 2001 年にノーベル生理学・医学賞を受賞した。

8章 遺伝子

生物の形や性質などの特徴を<u>形質</u> (character) といい，形質が子孫に引き継がれる現象を<u>遺伝</u> (heredity) という。遺伝する形質の情報を担う単位を<u>遺伝子</u> (gene) といい，遺伝子の本体はDNAである。遺伝子がはたらくことを発現という。遺伝子が発現することにより形質が現れる。DNA複製や遺伝子の発現のしくみは，どの生物でも基本的には共通しているが，複製や発現ではたらく遺伝子の名称が異なる場合もある。その場合は，理解しやすい例について生物名を示しながら解説する。

8.1 DNAの構造

DNAはヌクレオチド（☞ p9）が連結した鎖状の分子である。DNAは2本の鎖からなり，それぞれの鎖のAとT，GとCが相補的に水素結合することにより，2本鎖を形成している（図8·1）。AとGは大きな構造の**プリン塩基** (purine base) からなり，TとCは小さな構造の**ピリミジン塩基** (pyrimidine base) からなる。相補的な塩基対をつくるのは必ずプリン塩基とピリミジン塩基であるため，DNA 2本鎖の太さはどの部分も同じである。

ヌクレオチド鎖には方向性がある。ヌクレオチド鎖の片方の末端は，デオキシリボースの5′の炭素であり，これを**5′末端** (5′-end) という。反対側の末端は，デオキシリボースの3′の炭素であり，これを**3′末端** (3′-end) とよぶ。

ヌクレオチド鎖がつながるときは，デオキシリボースの3′の炭素に，ヌクレオチドのデオキシリボースの5′の炭素に結合したリン酸が結合する。DNAの2本鎖は，5′末端→3′末端の鎖と逆方向の3′末端→5′末端の鎖が相補的に結合して対をなしている。DNAの2本鎖はらせん構造をとっており，これをDNAの**二重らせん構造** (double helix structure) という。

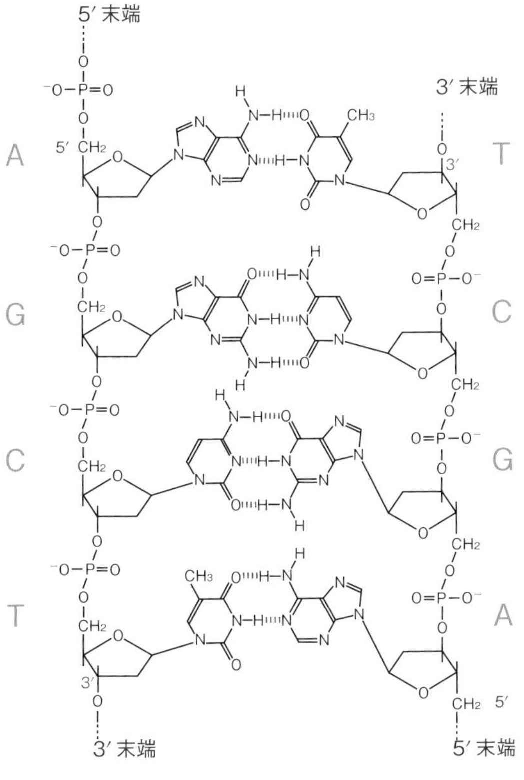

図8·1　DNAの構造

動画参照
(ppornelubio)
https://youtu.be/qy8dk5iS1f0
「DNAの構造」

8.2　遺伝子とゲノム

　真核生物では，体細胞がもつ一組の相同染色体の片方の組に含まれる DNA の全塩基配列を**ゲノム**という。遺伝情報は塩基の並び順（塩基配列）として保存されている。遺伝子の本体は DNA であるが，ゲノムのすべてが遺伝子であるわけではない。ヒトの場合，タンパク質の情報をもつ DNA の領域はゲノムの約 1.5% しかない。遺伝子の領域には，タンパク質の情報以外に，その遺伝子の始まりの情報や，終わりの情報，どのように発現するかの調節を受ける情報がある。遺伝子の発現調節は主として転写レベルで行われる。転写調節の情報をもつ領域を**転写調節領域**という（図 8·2）。転写調節領域を含めると，遺伝子の情報はゲノムの約 25% を占める。

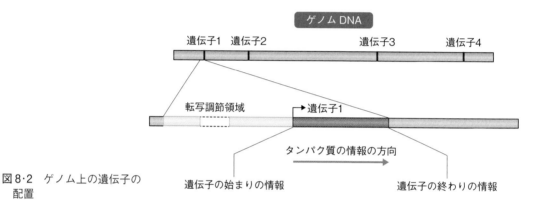

図 8·2　ゲノム上の遺伝子の配置

コラム 8.1　遺伝情報をもつ DNA ともたない DNA

　遺伝子の情報をもつ領域も，もたない領域も，同じ DNA である。書き込みができる DVD を思い浮かべてみよう。購入したばかりの記録されていない DVD をプレーヤーに挿入しても音も出ないし映像も見えない。情報を書き込んだ DVD からは音や映像が再生される。同じ素材の DVD にもかかわらず，情報があったり，なかったりするのは，DVD のゼロと 1 の並び順に，意味があるかないかによる。DNA の A, T, G, C の並び順に意味がある領域が遺伝子，ない領域が非遺伝子といえる。

8.3　DNA の複製

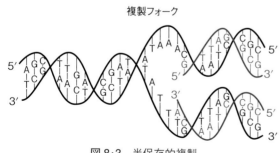

図 8·3　半保存的複製

　DNA 複製では，2 本鎖の DNA が部分的に開裂して 1 本鎖になり，それぞれの 1 本鎖 DNA を鋳型に相補的なヌクレオチド鎖が合成される。片方の鎖がもとの鎖に由来し，もとの鎖を鋳型にして新しい鎖が合成されるため，これを**半保存的複製**という（図 8·3）。DNA 複製における DNA 合成は，**DNA ポリメラーゼ**とよばれる酵素が行う。

参考 8.1　DNA 2 本鎖の開裂と DNA の複製速度

　DNA 複製を開始するには，DNA を部分的に 1 本鎖にする必要がある。DNA 2 本鎖が開裂し，複製が開始されるゲノム DNA の位置を**複製起点**という（図 8・4）。複製起点の塩基配列は，A と T が多く相補的水素結合が少ないため開裂しやすくなっている。

　真核生物の酵母やヒトでは，複製起点に複製起点認識複合体（ORC：origin recognition complex）が結合している。G₁ 期になるとヘリカーゼ装着タンパク質の Cdc6（cell division cycle gene）と Cdt1 が ORC に結合し，**ヘリカーゼ**が結合して**複製前複合体**が形成される。Cdc6 はヘリカーゼの活性を抑制しているが，S-Cdk（☞ p 52）が Cdc6 と Cdt1 をリン酸化すると不活性化されて複製前複合体から解離する。その結果，ヘリカーゼがはたらいて複製起点の DNA が開裂する。ヘリカーゼは ATP のエネルギーを利用して，DNA 2 本鎖を連続的にほどき，開裂は両方向に進む。DNA がほどかれている箇所は，その形状から**複製フォーク**とよばれる。

　鋳型が露出した 1 本鎖 DNA が生じると，DNA ポリメラーゼが結合して DNA が複製される。大腸菌の DNA ポリメラーゼの合成速度は約 500 ～ 1000 塩基 / 秒である。一方，真核生物の DNA ポリメラーゼの合成速度は遅く，約 50 塩基 / 秒である。ヒトの 1 本の染色体の平均的な塩基対の数は約 10^8 なので，染色体の中央で DNA が開裂して両方向に複製が進むとすると約 280 時間かかる。実際には複製起点は多数あり，活発に増殖するヒトの細胞では S 期は約 6 時間である。

　アフリカツメガエルのゲノムのサイズはヒトの 7.5 倍もあるが，卵割期（☞ p 91）の S 期の時間は約 10 分である。卵割期には多くの複製起点がはたらき，発生が進むと，はたらく複製起点の数が減って S 期が長くなる。

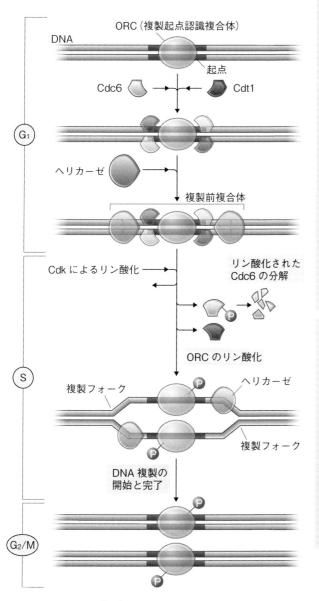

図 8・4　細胞周期ごとに 1 回しか DNA が複製されないしくみ

参考 8.2　細胞周期ごとに 1 回しか DNA が複製されないしくみ

　1 回の細胞周期で，複製起点が 2 回はたらくと DNA 量が余分になり，娘細胞に同じ量の遺伝情報を分配することができなくなる。細胞周期ごとに 1 回しか DNA が複製されないのは，複製開始に必要な複製前複合体が，複製開始と同時に分解・解体されるからである。

　また，ORC がリン酸化されるため，複製前複合体を形成することができなくなる。次に複製前複合体が形成されるのは，ORC が脱リン酸化される G₁ 期になってからである。

8章

遺伝子

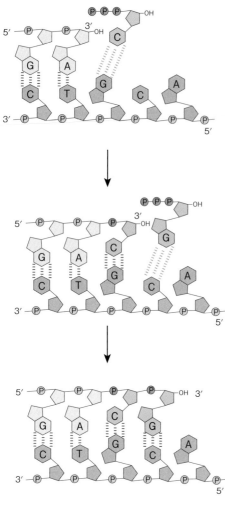

図8・5　DNA 複製と DNA ポリメラーゼ

8.3.1　DNA ポリメラーゼ

　DNA ポリメラーゼは，鋳型となる DNA を 3′ 末端側から 5′ 末端に向けて移動しながら，鋳型の塩基に相補的な塩基をもつヌクレオチドを付加する。そのため，DNA の合成方向は 5′ 末端→3′ 末端となる（図8・5）。DNA ポリメラーゼの基質はデオキシリボヌクレオシド三リン酸（dATP, dTTP, dGTP, dCTP）である。これら4種類のデオキシリボヌクレオシド三リン酸をまとめて，dNTP と表す。DNA 合成のエネルギーとして，dNTP がもつ高エネルギーリン酸結合が使われる。

8.3.2　プライマー

　DNA ポリメラーゼは，鋳型となる1本鎖 DNA と基質があっても DNA 合成を開始することができない。DNA ポリメラーゼがはたらくには，鋳型と相補的に結合したヌクレオチド鎖が必要である。DNA ポリメラーゼはそのヌクレオチド鎖の 3′ 末端に，鋳型に相補するヌクレオチドを連結する。DNA 複製は，**プライマーゼ**_{primase}とよばれる酵素が，1本鎖 DNA と相補的な約10塩基からなる短い RNA を合成することから始まる。この短い RNA を**プライマー**という（図8・6）。DNA ポリメラーゼは，RNA の 3′ 末端にヌクレオチドを連結して DNA 合成を開始する。

　大腸菌のラギング鎖（参考8.3）では，1000 〜 2000 塩基の間隔でプライマーが合成され，真核生物ではプライマーの間隔は 100 〜 200 塩基である。大腸菌に比べて

参考8.3　リーディング鎖とラギング鎖

　複製フォークは複製起点から両方向に進む。したがって，複製フォークの進行に伴って生じる1本鎖 DNA の片方は，3′ 末端側から 5′ 末端方向となり，反対側の DNA 鎖は 5′ 末端→3′ 末端となる。以降，3′ 末端を 3′，5′ 末端を 5′ と省略する。3′→5′ 鎖を鋳型とする DNA ポリメラーゼは，複製フォークと同じ方向に移動して連続的に 5′→3′ 鎖を合成する。5′→3′ 鎖を鋳型とする場合は，複製フォークの進行方向と逆向きに DNA ポリメラーゼが DNA を合成する。したがって，複製フォークが進むにつれて，短い不連続な DNA 鎖を合成することになる。複製フォークと同じ方向に連続的に合成される新しい鎖を**リーディング鎖**_{leading strand}といい，複製フォークと逆方向に不連続的に合成される新しい鎖を**ラギング鎖**_{lagging strand}という。ラギング鎖の短い DNA 断片を，発見者の岡崎令治にちなんで**岡崎フラグメント**_{Okazaki fragment}とよぶ。ラギング鎖は，**DNA リガーゼ**_{DNA ligase}とよばれる酵素によって連結され，最終的には連続した鎖となる。

真核生物ではラギング鎖で合成されるプライマーの間隔が短いのは，DNA がヌクレオソームに巻きついているためと考えられている。

　DNA ポリメラーゼが RNA プライマーの 5′ 末端に達すると RNA プライマーを除去する。同時に DNA を合成し，すべて DNA からなる短い DNA 鎖となり，**DNA リガーゼ**で連結されて DNA 複製が完了する。

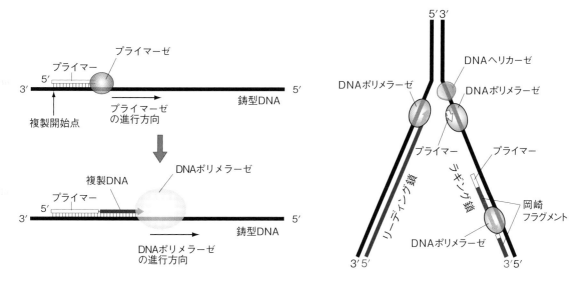

図 8·6　DNA 複製　リーディング鎖，ラギング鎖，プライマー

参考 8.4　DNA ポリメラーゼがもつエキソヌクレアーゼ活性

　遺伝情報は正確に複製されなければならないが，DNA ポリメラーゼは $1/10^5$ の確率で間違ったヌクレオチドを連結する。DNA ポリメラーゼの活性領域にやってくるのは，鋳型塩基に相補する dNTP ばかりではなく，すべての dNTP であり，非相補的塩基をもつ dNTP も，鋳型塩基と短時間ではあるが結合するからである。しかし，DNA ポリメラーゼには，誤ったヌクレオチドを連結したことを感知し，除去する能力が備わっている。これを DNA ポリメラーゼの**校正機能**といい，タンパク質の立体構造がかかわっている（図 8·7）。

　大腸菌の DNA 複製の中心的な役割を担う DNA ポリメラーゼ III は，3′→5′ エキソヌクレアーゼ活性をもつ。3′→5′ エキソヌクレアーゼとは，合成した DNA を逆方法に分解する酵素である。DNA ポリメラーゼは 3′→5′ 鎖を鋳型に，5′→3′ 方向に相補的な DNA を合成し，2 本鎖とする。このとき，合成した 2 本鎖の末端を抱きかかえるように反応を進める。DNA 鎖は，小さな構造のピリミジン塩基と，大きな構造のプリン塩基が常に対をつくっているため，どの部分も同じ太さであり，もし相補的ではない誤ったヌクレオチドを連結すると，2 本鎖にゆがみが生じる。そのゆがみが DNA ポリメラーゼの立体構造を変化させる。立体構造が変化した DNA ポリメラーゼはポリメラーゼの活性を失い，3′→5′ エキソヌクレアーゼ活性をもつようになる。3′→5′ エキソヌクレアーゼ活性により，誤って連結したヌクレオチドが除去されると，抱きかかえていた DNA 2 本鎖のゆがみが解消し，再び DNA ポリメラーゼ活性を取り戻して DNA 合成を続ける。DNA ポリメラーゼの校正機能により，DNA 複製の誤りは $1/10^7$ にまで低下する。

　DNA ポリメラーゼ I には 5′→3′ エキソヌクレアーゼ活性も備わっている。DNA ポリメラーゼ III が RNA プライマーの 5′ 末端に到達すると，DNA ポリメラーゼ I が DNA ポリメラーゼ III に取って代わる。DNA ポリメラーゼ I は，5′→3′ エキソヌクレアーゼ活性により RNA を除去し，DNA ポリメラーゼ活性により DNA を合成する。

8章

遺伝子

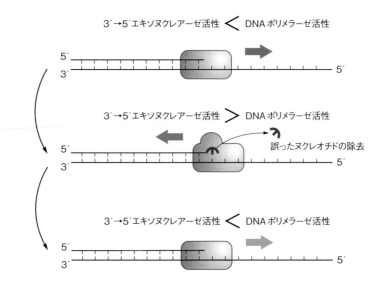

図8·7　DNA ポリメラーゼの校正機能

コラム 8.2　命の時を刻む時計

　ヒトには寿命がある。病気にならなくてもいつかは死ぬ。それは，細胞の中に命の時を刻む時計があって，細胞の死を告げるからである。命の時計は染色体 DNA の末端にある。新たに合成された DNA の 5′ 末端はプライマーRNA であり，この RNA は DNA に置き換えることができない。したがって，DNA 複製のたびに染色体 DNA が短くなる。染色体 DNA の末端にはテロメアとよばれる繰り返し配列があり，テロメアが一定以上短くなると，細胞死の遺伝子が起動する。ヒトの体細胞は約 60 回分裂すると細胞が自動的に死ぬ。一方，生殖細胞ではテロメラーゼとよばれる酵素により，短くなったテロメアをもとの長さに戻す。そのため，生殖にはテロメアによる細胞死はない。

　体細胞でテロメラーゼが発現すれば不老不死になると考えられるが，数十兆個もの細胞からなるヒトの体では，どこかの細胞で放射線などにより染色体が切断される染色体異常が起きている可能性があり，放置すればがん化する。染色体が切断されれば，テロメアがない末端が生じ，それにより細胞死が引き起こされる。体細胞でテロメラーゼを発現させないことで，危険な細胞を体から除去している。

8.4　遺伝情報の発現

　DNA の情報は RNA に写し取られ，RNA の情報は，タンパク質の合成に使われる。DNA の塩基配列の情報が，相補的な塩基配列として RNA に写し取られるため，これを**転写**という。タンパク質の合成では，RNA の塩基配列情報がアミノ酸配列に置き換えられるため，これを**翻訳**という。いずれも，塩基やタンパク質の立体構造が相補的に結合することにより，情報が伝達される。

8.4.1　転　写

　タンパク質の情報をもつことを**コードする**といい，RNA には，タンパク質をコードする **mRNA** と，タンパク質の情報をもたないノンコーディング RNA（**ncRNA**）がある。ncRNA には，アミノ酸を運搬する **tRNA**，リボソーム（☞ p 16）を構成

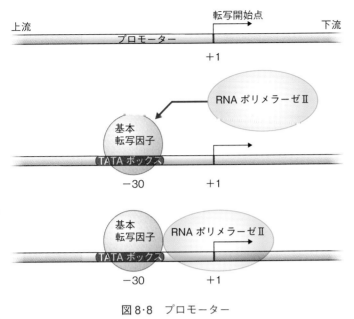

図8·8 プロモーター

する rRNA, 遺伝子の発現調節をする miRNA などがある。RNA は, DNA の片方の鎖を鋳型にして転写される。遺伝子によって, 鋳型となる鎖が異なる。転写の開始点と, 転写の方向（どちらの鎖を鋳型にするか）の情報は塩基配列として DNA 上に記されており, この塩基配列の部分を**プロモーター** promoter という（図8·8）。DNA の 2 本鎖のうち, 転写の鋳型となる DNA 鎖を**アンチセンス鎖**といい, 反対側の鎖を antisense strand **センス鎖**という。遺伝子の塩基配列は, sense strand センス鎖の配列で示すことになっている。遺伝子の塩基の位置関係を表す場合は, 転写開始点を基点に, 転写される側を**下流**といい, 転写開始点の塩基 downstream

を＋1として, 下流の塩基の位置をプラスの整数で表す。また, 下流の反対側を**上流**といい, 転写開始点の塩基より 1 塩基上流の塩基を−1とし, それより上流 upstream にある塩基の位置をマイナスの整数で表す。転写開始点を図示する場合は, カギ矢印を用い, 矢印で転写の方向を示す。真核生物のタンパク質の遺伝子のプロモーターは転写開始点に隣接した上流の数十塩基にあり, 約−30塩基に TATAAAA の塩基配列を含む場合が多い。この配列を TATA ボックスという。

　転写は **RNA ポリメラーゼ**とよばれる酵素が行う。本書では, 転写調節のしくみを理解するために適した真核生物の RNA ポリメラーゼについて解説する。真核生物, 原核生物ともに, RNA ポリメラーゼによる転写の基本的なしくみは同じである。真核生物の RNA ポリメラーゼは, 単独ではプロモーターを認識して結合することができない。**基本転写因子**とよばれるタンパク質がプロモーターに結 general transcription factor 合すると, 基本転写因子に RNA ポリメラーゼが結合し, RNA ポリメラーゼが転写開始点にセットされる（図8·8）。

　プロモーター上に構築される基本転写因子と RNA ポリメラーゼの複合体を**転写開始複合体**とよぶ。真核生物の mRNA を合成するポリメラーゼを RNA ポリメラーゼⅡとよぶ。転写反応の基質は, リボヌクレオシド三リン酸（ATP, UTP, GTP, CTP）である。これら 4 種類のリボヌクレオシド三リン酸をまとめて NTP とよぶ。RNA 合成のエネルギーとして, NTP がもつ高エネルギーリン酸結合が使われる。

　RNA ポリメラーゼは, DNA の 2 本鎖を開き, 鋳型となる DNA 鎖を $3' \to 5'$ 方向に移動しながら, 相補的なヌクレオチドを連結し, RNA を $5' \to 3'$ 方向に合成する（図8·9）。鋳型 DNA の A に対しては U, T には A, G には C, C には G が

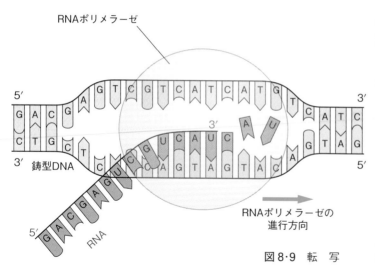

RNAポリメラーゼ

5′
3′
鋳型DNA

3′

RNAポリメラーゼの
進行方向

5′
RNA

図8·9　転　写

連結される。転写終結点の塩基配列にRNAが到達すると，DNAからRNAポリメラーゼが離れ，転写が終結する。

基本転写因子がプロモーターに結合すると，基本転写因子の立体構造が変わり，基本転写因子にRNAポリメラーゼが結合できるようになる。遊離の基本転写因子にはRNAポリメラーゼは結合しない。
　RNAポリメラーゼが基本転写因子に結合すると，基本転写因子がもつキナーゼ活性により，RNAポリメラーゼがリン酸化される。リン酸化されたRNAポリメラーゼは立体構造が変わり，基本転写因子と結合できなくなり，基本転写因子から解離する。解離したRNAポリメラーゼは，DNAに結合したまま，NTPのエネルギーを利用して，鋳型DNAを3′→5′方向に移動しながら，鋳型DNAに相補的なヌクレオチドを連結する（図8·9）。プロモーター，基本転写因子，RNAポリメラーゼの複合体がDNA上に構築されると，RNAポリメラーゼの活性部位はプロモーターの約30塩基下流にセットされる。RNAポリメラーゼの活性部位で転写が開始されるため，プロモーターは，相対的に転写開始点の約30塩基上流に位置することになる。

コラム8.3　RNAポリメラーゼの校正機能は弱い

　RNAポリメラーゼの活性部域にやってくるのは，鋳型塩基に相補するNTPばかりではなく，すべてのNTPである。しかし，鋳型塩基と相補的でないNTPとの結合時間は短く，非相補的NTPが連結される確率は低い。それでも，誤った塩基を結合する確率はゼロではない。RNAポリメラーゼの校正機能は弱く，10000塩基に1個の割合で誤った塩基が連結される。誤った塩基をもつRNAからは，アミノ酸変異をもつタンパク質が合成される可能性があるが，変異タンパク質の割合は，正常なタンパク質に比べて非常に低いため，全体としてはタンパク質の機能に問題は生じない。

8.4.2　RNAの転写後修飾

　転写されたばかりのRNAを**RNA前駆体**という。真核生物の，タンパク質をコードする多くの遺伝子は，転写される領域の中にmRNAとならない部分を含んでいる。mRNAとならない部分を**イントロン**といい，mRNAとなる部分を**エキソン**という（図8·10）。mRNA前駆体には，イントロンとエキソンが含まれている。mRNA前駆体のイントロンは，**スプライシング**とよばれる過程により除かれる。mRNA前駆体の5′末端は**キャップ**とよばれる構造が付加され，3′末端はAが約250塩基連続する**ポリ(A)**が付加され，mRNAが完成する。キャップとポリ(A)は，翻訳開始に重要な役割を果たす（☞ p 64）。

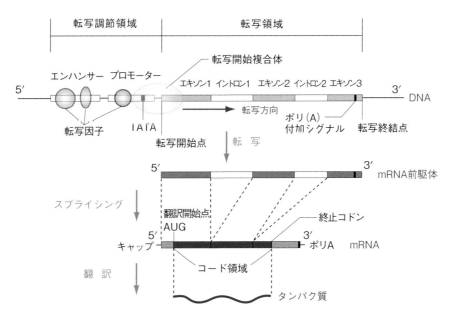

図 8·10 RNA の転写後修飾

参考 8.6 RNA の修飾の情報
　mRNA 前駆体のイントロンとエキソンの境界には特別な塩基配列があり，スプライソソームとよばれるタンパク質と RNA の複合体が境界の配列を認識して切断・連結する。RNA 前駆体の 3′ 末端付近にはポリ (A) 付加シグナルとよばれる塩基配列があり，これを認識する酵素が結合して mRNA 前駆体を切断すると，ポリ (A) ポリメラーゼが，ATP を基質として，3′ 末端に A を連結する。

参考 8.7 選択的スプライシング
　ヒトの遺伝子の数は約 20,500 個といわれているが，タンパク質の種類は 10 万以上ある。それは，状況によって mRNA にするエキソンの組合せを変えるからである。これを**選択的スプライシング**という（図 8·11）。エキソンの組合せが異なれば，タンパク質の立体構造が変わり，タンパク質のはたらきも異なる。多くの遺伝子では 1 個の遺伝子から複数種類のタンパク質がつくられる。

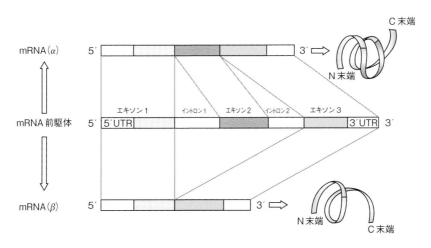

図 8·11 選択的スプライシング

61

8.4.3　コドン

　翻訳では，mRNA の 3 つの塩基が一組となって，1 つのアミノ酸が指定される。アミノ酸を指定する 3 つ一組の塩基を**コドン**という。3 つ一組の塩基の組合せは 64 種類ある。タンパク質を構成するアミノ酸は 20 種類であり，アミノ酸の種類によっては，複数種類のコドンが 1 つのアミノ酸を指定する。1 種類のアミノ酸を複数種類のコドンが指定することを**縮重**といい，同じアミノ酸を指定するコドンを同義コドンという。64 種類のコドンが，どのアミノ酸を指定するか示した表を**コドン表**という（表 8·1）。翻訳を開始するコドンは AUG と決まっており，これを**開始コドン**という。AUG はメチオニンを指定するため，タンパク質の合成はかならずメチオニンから始まる。UAA, UAG, UGA は指定するアミノ酸がなく，これらのコドンでタンパク質の合成が終了するため，これを**終止コドン**とよぶ。

表 8·1　コドン表

2 文字目

	U	C	A	G	
U	UUU ┐Phe UUC ┘(F) UUA ┐Leu UUG ┘(L)	UCU ┐ UCC ┤Ser UCA ┤(S) UCG ┘	UAU ┐Tyr UAC ┘(Y) UAA 終止 UAG 終止	UGU ┐Cys UGC ┘(C) UGA 終止 UGG Trp(W)	U C A G
C	CUU ┐ CUC ┤Leu CUA ┤(L) CUG ┘	CCU ┐ CCC ┤Pro CCA ┤(P) CCG ┘	CAU ┐His CAC ┘(H) CAA ┐Gln CAG ┘(Q)	CGU ┐ CGC ┤Arg CGA ┤(R) CGG ┘	U C A G
A	AUU ┐Ile AUC ┤(I) AUA ┘ AUG Met(M)(開始)	ACU ┐ ACC ┤Thr ACA ┤(T) ACG ┘	AAU ┐Asn AAC ┘(N) AAA ┐Lys AAG ┘(K)	AGU ┐Ser AGC ┘(S) AGA ┐Arg AGG ┘(R)	U C A G
G	GUU ┐ GUC ┤Val GUA ┤(V) GUG ┘	GCU ┐ GCC ┤Ala GCA ┤(A) GCG ┘	GAU ┐Asp GAC ┘(D) GAA ┐Glu GAG ┘(E)	GGU ┐ GGC ┤Gly GGA ┤(G) GGG ┘	U C A G

1 文字目（5′末端）　　　　3 文字目（3′末端）

括弧内の文字はアミノ酸の一文字表記

コラム 8.4　コドン表

　コドンとは暗号の意味である。アメリカのニーレンバーグは，mRNA の塩基配列がどのアミノ酸を指定するかを明らかにするため，大腸菌の抽出液を用いて，試験管の中でタンパク質を合成するシステムを構築した。最初に，U が連続した RNA を大腸菌抽出液に加えたところ，フェニルアラニンが連続したポリペプチドが合成された。この実験により，U の連続はフェニルアラニンを指定することが示された。さらに，さまざまな配列のRNA を試すことにより，RNA の塩基配列と合成されるタンパク質のアミノ酸との対応が明らかになった。この実験は暗号解読にたとえられ，アミノ酸を指定する 3 つ一組の塩基をコドンとよぶことになった。ニーレンバーグは，ホリー，コラナとともに 1968 年にノーベル生理学・医学賞を受賞した。

8.4.4　tRNA

　mRNA のコドンの情報と，アミノ酸を結びつけるのは tRNA である。tRNA は 70 ～ 90 塩基の RNA であり，**アンチコドン**とよばれる 3 つ一組の塩基配列をもつ。tRNA はアンチコドンの部分で相補的に mRNA のコドンと結合する。tRNA の 3′ 末端にはアミノ酸が結合しており，それぞれの tRNA がもつアミノ酸の種類は，tRNA のアンチコドンが結合するコドンに対応している。tRNA は 20 種類以上あり，20 種類のアミノ酸に対して，それぞれ 1 種類，または複数種類の tRNA がある。

参考8.8　tRNA とアミノ酸の連結

　特定の tRNA には特定のアミノ酸が結合する。tRNA にアミノ酸を結合するのは**アミノアシル tRNA 合成酵素**である（図 8·12）。20 種類のアミノ酸それぞれに対応する種類のアミノアシル tRNA 合成酵素があり，特定のアミノ酸と，それに対応する特定の tRNA を連結する。tRNA は 1 本鎖であるが，分子内で相補的に結合して 2 本鎖部分が生じ，特定の立体構造をとる。アミノアシル tRNA 合成酵素は，特定のアミノ酸の立体構造と，それに対応する特定の tRNA の立体構造に相補的に結合するポケット状の立体構造をもつ。アミノアシル tRNA 合成酵素は，結合したアミノ酸と tRNA を ATP のエネルギーを用いて連結する。

参考8.9　アミノアシル tRNA 合成酵素の校正機能

　アミノアシル tRNA 合成酵素の反応は，アミノ酸に ATP を結合して，高エネルギー結合をもつアミノアシル AMP を生じる反応と，アミノアシル AMP と tRNA を結合してアミノアシル tRNA を生じる 2 段階に分けられる（図 8·13）。アミノアシル tRNA 合成酵素の活性部域にやってくるのは，特定のアミノ酸や tRNA ばかりではなく，すべての種類のアミノ酸や tRNA がやってきて結合する。しかし，非特異的なアミノ酸や tRNA の立体構造との相補性は低く，結合時間が短いため，連結されてアミノアシル tRNA になる確率は低い。それでも，誤ったアミノ酸や tRNA を結合する確率はゼロではない。アミノアシル tRNA 合成酵素には校正機能があり，誤ったアミノアシル AMP やアミノアシル tRNA が生じると加水分解する。いずれも，誤った分子が生成されると，アミノアシル tRNA 合成酵素の立体構造が変化し，加水分解酵素となる。

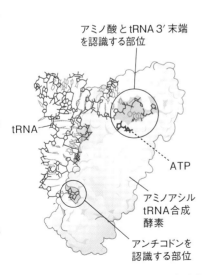

図 8·12　アミノアシル tRNA 合成酵素の構造

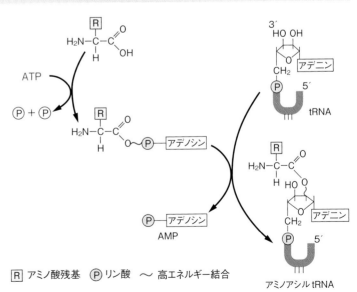

Ⓡ アミノ酸残基　Ⓟ リン酸　～ 高エネルギー結合

図 8·13　アミノアシル tRNA 合成酵素の反応

8.4.5　翻　訳

　タンパク質を合成するのはリボソームである。mRNA に結合したリボソームにアミノアシル tRNA がアミノ酸を運搬し，tRNA はアンチコドンの部分で mRNAのコドンに相補的に結合する。コドンの上に並んだ tRNA のアミノ酸が連結されることにより，mRNA の塩基配列情報にしたがってアミノ酸が連結され，ポリペプチドとなる。

参考 8.10　翻訳開始

　翻訳は mRNA の 5′ 末端から始まるわけではなく，mRNA の翻訳開始の情報をもつ特定の塩基配列から開始される。**翻訳開始点** は開始コドンの AUG が含まれる。しかし，AUG があればそこから翻訳が開始されるわけではなく，AUG の周辺の塩基配列も翻訳開始に必要である。翻訳開始配列は，発見者の名前をとって，原核生物では **シャイン・ダルガノ配列**，真核生物では **コザック配列** とよばれる（図 8·14）。
　リボソームは大サブユニットと小サブユニットで構成されており，翻訳が開始される前は大サブユニットと小サブユニットは分離した状態にある。真核生物の翻訳開始は，mRNA のキャップとポリ(A) に結合するタンパク質が複合体を構成することから始まる。小サブユニットの P 部位（Peptidyl-tRNA 結合部位）には，メチオニンを結合したアミノアシル tRNA が結合しており，小サブユニットがこの複合体に結合すると，mRNA の 3′ 末端に向けて，ATPのエネルギーを用いて mRNA 上を移動する。小サブユニットが翻訳開始点に到達すると，小サブユニットに大サブユニットが結合する。次に A 部位（Aminoacyl-tRNA 結合部位）にアミノアシル tRNA がセットされると，大サブユニットのペプチジル転移酵素により，P 部位のメチオニンが A 部位のアミノ酸に連結され，翻訳が開始される。

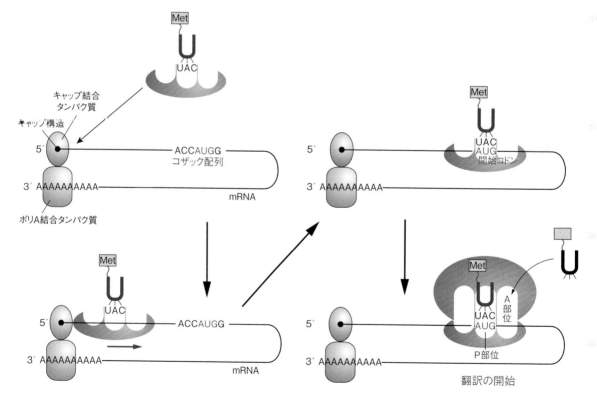

図 8·14　翻訳の開始

コラム 8.5　酵素活性をもつ RNA

　分子内で相補的に水素結合をする RNA は，一定の立体構造をとる。tRNA と同様に，リボソームの rRNA も分子内相補結合により一定の立体構造をとる。rRNA の 1 つは，ポリペプチドの合成に重要なはたらきをするペプチジル転移酵素活性をもつ。酵素活性をもつ RNA は多くはないがいくつかある。酵素活性をもつ RNA をリボザイムという。リボザイムは DNA と同様に鋳型となることができ，触媒活性をもつため，原始生命体は RNA を鋳型に RNA の触媒活性で自己複製していたと考えられている。2014 年には自己複製するリボザイムの人工合成にも成功している（Robertson, M.P., Joyce, G.F., Chem. Biol. 2014; 21:238-245）。

参考 8.11　ポリペプチドの伸長反応

　合成中のポリペプチドは tRNA に結合しており，これをペプチジル tRNA とよぶ。ペプチジル tRNA はリボソームの P 部位にあり，アンチコドンで mRNA のコドンと結合している（図 8·15）。

　P 部位の上流に隣接する E 部位（Exit）には，一段階前に合成中のポリペプチドを結合していた tRNA がある。E 部位にある tRNA は，すでにポリペプチドを P 部位の tRNA に受け渡している。P 部位の下流に隣接する A 部位に，アミノ酸を結合したアミノアシル tRNA が来ると，GTP のエネルギーを用いて，アミノアシル tRNA はアンチコドンの部分でコドンに結合する。

　ペプチジル tRNA のポリペプチドは，リボソームのペプチジル転移酵素によって tRNA から切り離され，A 部位に運ばれて，アミノアシル tRNA のアミノ酸と結合する。結合に必要なエネルギーは，アミノアシル tRNA が合成される過程で ATP から受け取ったエネルギーが用いられる。

　アミノアシル tRNA のアミノ酸にポリペプチドが転移すると，GTP のエネルギーを用いて，リボソーム小サブユニットの位置はそのままに，大サブユニットが，1 コドンに対応する 3 塩基だけ mRNA の 3′ 方向に移動し，続いて小サブユニットが mRNA の 3′ 方向に 3 塩基だけ移動する。その結果，E 部位に P 部位の tRNA が移動し，P 部位に A 部位のペプチジル tRNA が移動して，A 部位が空き，次の連結反応が始まる。

8章

遺伝子

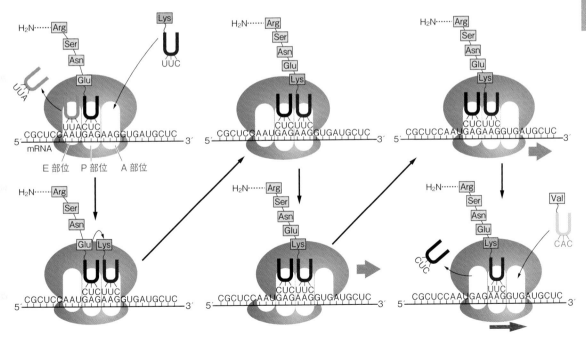

図 8·15　ポリペプチドの伸長反応

8.4.6　タンパク質の行き先

　タンパク質のアミノ酸配列には，そのタンパク質がはたらく場所に輸送される
ための情報が含まれている。核ではたらく転写因子，ミトコンドリアのマトリッ
クスではたらく TCA 回路の酵素，ミトコンドリア内膜ではたらく電子伝達系の
タンパク質など，それぞれの場所へ運ばれるための情報をもつアミノ酸配列を**選
別シグナル**という。リボソームでタンパク質が合成されると，細胞の中のさまざ
まなタンパク質が選別シグナルを認識して結合し，バトンが引き継がれるように
タンパク質が目的の場所に運ばれる。

参考 8.12　自律的に形成される細胞

　21 億年前に真核生物が出現して以来，真核細胞の基本構造は変化することなく，現在に至っている。21 億年もの
間，細胞の基本構造を変化させなかったということは，細胞の完成度があまりにも高く，これ以上優れた細胞を進化
させるのが難しかったためであろう。細胞は分子が自律的に組み合わさることで形成される。すべてのタンパク質の
合成は遊離のリボソームで開始される。

　小胞体に入るタンパク質は，N 末端に 15 ～ 25 個のアミノ酸からなる**シグナルペプチド**とよばれる配列をもつ（図
8·16）。シグナルペプチドは特定のアミノ酸配列ではないが，N 末端近くに塩基性アミノ酸があり，続いて疎水性ア
ミノ酸に富む領域があり，C 末端側に数個の親水性アミノ酸がある。合成途中のタンパク質の N 末端がリボソーム
大サブユニットから出てくると，それがシグナルペプチドであれば，シグナル認識粒子が結合する。シグナルペプチ
ドと結合したシグナル認識粒子は，小胞体膜にあるドッキングタンパク質と結合できるようになり，リボソームが小
胞体に結合する。その結果，タンパク質が小胞体に入る。粗面小胞体のリボソームは，最初から小胞体に結合してい
るわけではなく，このようにタンパク質を合成する過程で小胞体に結合する。小胞体や細胞膜以外ではたらくタンパ
ク質は，リボソームで合成された後，リボソームを離れ，熱エネルギーによって細胞質基質の中を激しく動く。

　細胞小器官はそれぞれ，特定の選別シグナルを認識して結合するタンパク質複合体をもっており，激しく動くタン
パク質の中から，特定の選別シグナルをもつタンパク質のみを結合し，取り込む。ミトコンドリアや葉緑体のように，
内膜と外膜をもつような複雑な細胞小器官も，それぞれの構造の部域に，特定の選別シグナルを認識して結合するタ
ンパク質複合体がある。特定のタンパク質が，特定の細胞小器官の特定の部域に自律的に運ばれ，細胞小器官を構成
する。その結果，細胞が形成され，細胞が機能する。

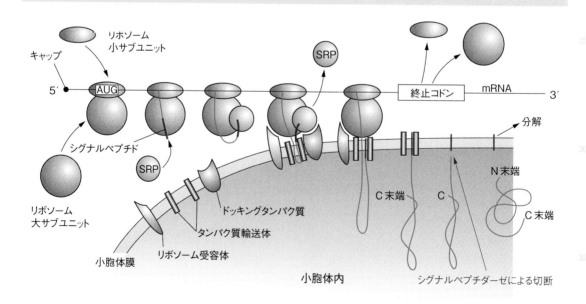

図 8·16　小胞体へのタンパク質の輸送

コラム 8.6　細胞の自律形成の実験

　実験的にも，細胞を構成するタンパク質などの要素が細胞を自律的に構成することが示されている。アフリカツメガエルの卵細胞の破砕抽出液に，エネルギー源として ATP を添加すると，約 30 分間で自律的に直径 300 ～ 400 μm の細胞様構造を構成する。この抽出液に細胞膜を除去した精子核を入れると，形成された細胞様構造は細胞分裂を繰り返す（☞ p157）。

8.4.7　転写調節

　特定の遺伝子の転写が活性化されると，その遺伝子の mRNA の細胞内の濃度が高まり，その遺伝子のタンパク質の濃度も高くなる。反対に，転写が抑制されると，mRNA の細胞内の濃度が下がり，タンパク質濃度も低下する。遺伝子の発現の調節は主として，**転写調節**により行われる。転写調節は転写調節領域とよばれる特定の塩基配列をもつ領域と，転写調節領域に結合する**転写因子**によって行

参考 8.13　転写調節のしくみ

　基本転写因子とプロモーターとの結合は弱く，安定して RNA ポリメラーゼを転写開始点にセットすることができない。したがって，実際には基本転写因子と RNA ポリメラーゼだけでは，ほとんど転写しない。遺伝子の転写量や，転写する組織や器官などの情報は，転写調節領域が担っている。転写調節領域の塩基配列の情報は DNA 2 本鎖の溝の立体構造が担っており，転写因子はこの立体構造に相補的に結合する DNA 結合ドメインをもっている。転写因子は多くの種類があり，転写因子ごとに結合する塩基配列が異なる。活性化因子は活性化ドメインをもち，抑制因子は抑制ドメインをもつ。エンハンサーに活性化因子が結合すると，活性化ドメインが基本転写因子に結合し，基本転写因子の立体構造が変化してプロモーターに安定的に結合するようになる（図 8・17）。プロモーターに安定的に基本転写因子が結合している状態になると，転写開始複合体が形成される頻度が高まり，RNA ポリメラーゼが転写開始点から次々とスタートして，転写が活発に行われる。一方，サイレンサーに抑制因子が結合すると，抑制ドメインが基本転写因子に結合し，基本転写因子の立体構造が変化してプロモーターから解離する。そのため，転写が抑制される。遊離の転写因子は基本転写因子に作用することはないが，シスエレメントに結合することにより立体構造が変わり，基本転写因子との相互作用が可能になる。転写因子とシスエレメントとの結合も弱く，転写因子の濃度に応じて，転写因子がシスエレメントに結合する時間が決まる。転写因子の濃度が高ければ，転写因子がシスエレメントに結合している時間が長くなる。転写因子が活性化因子ならば，基本転写因子をプロモーターに結合させる時間が長くなり，その結果，RNA ポリメラーゼによる転写の頻度が高まる。1 つの遺伝子がもつシスエレメントの種類は多く，さまざまな種類の転写因子の濃度の複合的効果により，転写が調節される。

　転写因子によっては，活性化ドメインと抑制ドメインの両方をもつ。このような転写因子は，活性化ドメインや抑制ドメインの修飾や，他の転写因子と複合体を形成することで，どちらのドメインが機能するか決まる。

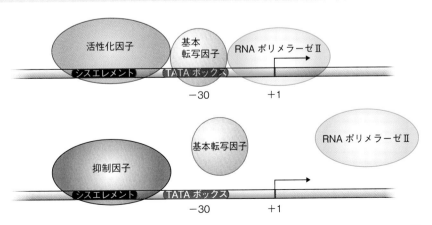

図 8・17　転写調節機構

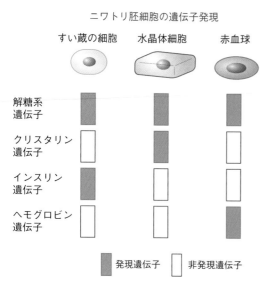

ニワトリ胚細胞の遺伝子発現

すい蔵の細胞　水晶体細胞　赤血球

解糖系
遺伝子

クリスタリン
遺伝子

インスリン
遺伝子

ヘモグロビン
遺伝子

■ 発現遺伝子　□ 非発現遺伝子

図8·18　細胞分化と発現する遺伝子

われる。転写因子が特異的に結合する塩基配列を**シスエレメント**とよぶ。転写因子はタンパク質であり，活性化因子と抑制因子がある。転写の活性化の情報をもち，活性化因子が結合するシスエレメントを**エンハンサー**とよび，転写を抑制する情報をもち，抑制因子が結合するシスエレメントを**サイレンサー**とよぶ。エンハンサーに活性化因子が結合すると転写が活性化され，サイレンサーに抑制因子が結合すると転写が抑制される。

8.4.8　細胞分化と転写調節

　多細胞生物では，1個の受精卵が体細胞分裂を繰り返し，多くの細胞になり，細胞はやがて特定の役割をもつようになる。特定のはたらきをもつ細胞になることを**細胞分化**という。ヒトでは約200種類の細胞が生じる。体細胞分裂では，細胞が分裂する前

参考8.14　細胞分化にかかわる転写調節

　細胞分化には多くのシスエレメントと，多くの種類の転写因子がかかわり，転写因子が複合体を形成して情報が統合され，転写が調節される。ヒトでは約2,000種類の転写因子がある。ここでは単純化して，部域A特異的に発現するしくみを2例だけ示す。

（1）活性化因子が細胞分化にかかわる場合：体の部域がAとBに二分されるとする。部域Aに特異的に発現する遺伝子Aの転写調節領域には，部域A特異的に発現するための情報を担うシスエレメント（以降シスエレメントAと表す）がある。部域Aの細胞には，活性化因子Aが発現しており，シスエレメントAに結合して遺伝子Aの転写を活性化する。そのため，細胞はA細胞に分化し，組織Aを形成する。部域Bの細胞も遺伝子Aをもつが，部域Bでは活性化因子Aが発現していないため，遺伝子Aは発現しない。そのため，部域Bには組織Aは形成されない。

（2）活性化因子と抑制因子が細胞分化にかかわる場合：部域Aに特異的に発現する遺伝子Aの転写調節領域に，シスエレメントAとBがあり，体全体の細胞で活性化因子Aが発現し，部域Bの細胞で抑制因子Bが発現する。抑制因子Bは活性化因子Aの作用を打ち消すはたらきがあるとすると，部域Aには抑制因子Bが発現していないため，遺伝子Aは部域Aの細胞で発現する。

コラム8.7　細胞分化と遺伝子発現調節ネットワーク

　転写因子は転写因子の遺伝子が発現して合成される。転写因子の遺伝子にもシスエレメントがあり，上位の転写因子によって転写が調節される。調節される遺伝子も調節を受け，もとをたどれば受精卵に行き着く。1つの転写因子は多くの遺伝子の転写を調節する。転写調節の序列は一列ではなく，ネットワークのようになっており，これを**遺伝子発現調節ネットワーク**（☞p156）という。多くの動物の初期発生では，細胞が分裂する過程で，卵の細胞質のどの部分を受け取ったかによって，どの転写因子が発現するかが決まる。やがて細胞の位置関係や，細胞間相互作用により，発現する転写因子が決まり，遺伝子調節ネットワークの指揮系統の最終的なルートが決まる。その結果，多くの種類の細胞が生じ，成体が形成される。哺乳類の胚は，卵の細胞質の影響はほとんどなく，細胞間相互作用，細胞を取り巻く環境により遺伝子の発現が調節され，細胞が分化する。細胞分化の過程は，人がさまざまな影響を受けながら，進路を文系か理系か決め，職業を決める道筋に似ている。

にDNAが正確に複製されるため，すべての体細胞は同じ遺伝情報をもつ。細胞が分化するのは，特定の遺伝子が発現するからである（図8·18）。呼吸にかかわる遺伝子など，すべての体細胞で発現する遺伝子を**ハウスキーピング遺伝子**という。細胞分化にかかわる遺伝子の転写調節領域には，発生時期特異的，組織特異的に発現するためのシスエレメントがあり，発生時期特異的，組織特異的に発現する転写因子が転写を活性化したり抑制したりする。

8.5　クロマチンレベルでの転写調節

　分化した細胞では，発現している遺伝子（活性遺伝子）と，発現していない遺伝子（不活性遺伝子）があり，細胞が分裂しても，活性遺伝子と不活性遺伝子の種類の組合せは変わらない。細胞分裂しても活性遺伝子と不活性遺伝子の種類の組合せが厳密で，変わらないのは，クロマチンレベルで遺伝子の発現を抑制するしくみがあるからである。核の中ではクロマチンは，ほどけて分散した状態と，凝縮した状態の部分がある。ほどけた状態の部分を**ユークロマチン**といい，遺伝子の転写が可能な状態にある。凝縮した状態の部分を**ヘテロクロマチン**といい，転写ができない不活性な状態にある。

> **参考8.15　ヒストンのアセチル化と脱アセチル化**
> 　ユークロマチンのヒストンはアセチル化されている。エンハンサーに転写活性化因子が結合すると，そこにヒストンアセチル化酵素が結合し，周辺のヒストンをアセチル化する。アセチル化によりヒストンの正の電荷が中和されて，DNAの負の電荷との結合が弱くなる。その結果，ヌクレオソーム構造が緩み，クロマチン構造が緩む。ヒストンのアセチル化は，ヒストンアセチル化酵素が担う。ヘテロクロマチンのDNAは高度にメチル化されている。高度にメチル化されたDNAに，タンパク質MeCP（Methyl-CpG-binding protein）が結合し，そこにヒストン脱アセチル化酵素が結合し，周辺のヒストンを脱アセチル化する。その結果，クロマチンが凝集する。

　分化した細胞では，細胞が分裂しても，ユークロマチンにあった遺伝子はユークロマチンの領域にあり，ヘテロクロマチンにあった遺伝子はヘテロクロマチン内に存在する。哺乳類のDNAはメチル化を受けている部分があり，高度にメチル化されたDNA部分はクロマチンが凝集し，ヘテロクロマチン化する。哺乳類では，5′-CG-3′のCがメチル化の標的であり，クロマチンの状態によってメチル化の程度が異なる。メチル化のパターンは複製されても変わらない。それは，メチル化維持酵素によって，複製された

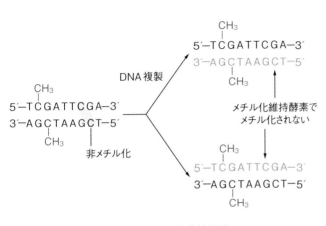

図8·19　メチル化維持酵素

DNA も同じパターンでメチル化されるからである（図 8·19）。そのため，細胞分裂しても，遺伝子のクロマチンの状態は維持される。ヘテロクロマチンは凝集しているため，転写因子などの転写にかかわるタンパク質が遺伝子にアクセスできず，転写が厳密に抑制される。

　DNA メチル化が正常に行われないと，発現してはならない遺伝子が発現し，がん化することもある。

コラム 8.8　DNA メチル化と発生

　哺乳類の配偶子の DNA はメチル化されているが，受精すると胚盤胞になるまでにメチル基が消去される。その後，細胞が分化する過程でメチル化が起こり，特定の遺伝子が不活性化される。新たにメチル化する酵素を新生メチル化酵素という。新生メチル化酵素を欠失したマウスは生後数週間で死亡する。哺乳類の発生過程で，胚盤胞の内部細胞塊は多能性を維持しているが，発生が進むと多能性が失われる（☞ p102）。多能性をもたらす遺伝子の *Oct3/4* と *Nanog* のプロモーターは，最初は低メチル化状態にあるが，発生が進むとメチル化され，転写が抑制される。動物の体細胞の核を，核を取り除いた未受精卵に移植し，電気刺激により発生を開始させると，体細胞クローン動物を作出することができる。しかし，成功の確率はきわめて低い。現在の技術では，体細胞の DNA に書き込まれたメチル化のパターンを消去し，正常な発生のように新たなメチル化の書き込みをすることはできないためと考えられている。

コラム 8.9　X 染色体のメチル化と色覚障害

　常染色体は一対あり，両方の染色体の遺伝子が発現している。染色体の数は厳密でなければならない。たとえばヒトでは，第21染色体が1本多いと，ダウン症になる。余分な染色体があると，その染色体上にある遺伝子が余分に発現し，遺伝子発現調節ネットワークのバランスが崩れるからである。哺乳類の性染色体は，雄では XY，雌では XX であり，雌の細胞の X 染色体は雄より1本多い。雌の細胞では X 染色体の片方を積極的に不活性化させて，遺伝子発現の量を補正している。不活性化される X 染色体は父方，母方由来にかかわらず無作為である。不活性化の役割を担っているのが X 染色体上にある *Xist* 遺伝子である。*Xist* からは非コード RNA が転写され，この RNA が X 染色体を覆うと，ヒストンの脱アセチル化，DNA の高度メチル化が起こる。その結果，*Xist* の領域以外の X 染色体全体がヘテロクロマチンとなり，発現が抑制される。

　ヒトでは，色覚にかかわる遺伝子が X 染色体上にあり，色覚障害は伴性潜性（劣性）遺伝（☞ p83：10.2.1 項）する。男性は X 染色体を1本しかもたないため，色覚障害は男性に多い。色覚遺伝子ヘテロ接合体の女性の視細胞は，正常な X 染色体が不活性化されると，色覚障害を生じる。しかしヘテロ接合体の女性でも，色覚は正常である。それは，色覚障害の視細胞と正常な視細胞がモザイク上に分布しているためで，全体的には色覚は正常になる。

9章 遺伝子操作

遺伝子操作技術は，生物学，医学，バイオテクノロジーの分野で欠かすことができないほど広まっており，急速に進歩している。本章では遺伝子診断，有用タンパク質の工業生産，遺伝子治療，遺伝子組換え作物，個人の特定など，日常の生活にかかわる遺伝子操作技術を厳選して解説する。

9.1 遺伝子のクローニング

遺伝子操作は化学反応を利用する。たとえば，水酸化ナトリウムと塩酸を混ぜると食塩が生成される反応はよく知られているが，1分子では反応を検出できない。精製した多数の分子を反応させ，多数の生成物が合成されると，化学的に検出することができる。遺伝子操作も同様であり，一定量のまったく同じ塩基配列のDNA断片を得て初めて，遺伝子の情報を解読したり，遺伝子を組み換えたりすることができる。特定の塩基配列をもつDNA断片を一定量得ることを遺伝子のクローニングという。

9.1.1 制限酵素

原核生物の細菌やアーキアは，DNA2本鎖の特定の塩基配列を認識して切断する酵素をもつ。この酵素は，体内に侵入したウイルスなどの外来DNAを切断し，侵入者の増殖を制限するはたらきをもつため，**制限酵素**と名づけられた。これまでに数百種類の制限酵素が発見されており，多くが販売されている。制限酵素を用いれば，特定の塩基配列の部分で，DNA断片を切り出すことができる。

制限酵素で切断されたDNAの切断端は，同じ制限酵素で切断された切断端と連結することができる。制限酵素で切断されたDNAの切断端は，制限酵素ごとに異なる特定の形状をしており（図9·1），多くは1本鎖DNAが突出している。同じ制限酵素で切断されたDNAの切断端は，塩基の部分で相補的に水素結合を形成するため，DNAリガーゼ（☞ p57）で連結される。切断端が突出せず，平滑末端の場合も，平滑末端同士で連結することができる。

9.1.2 ベクター

特定のDNA断片を増幅するには，生物のDNA複製システムを利用する。大腸菌などの細菌や酵母の細胞内に存在し，染色体DNAとは独立して増殖する小

制限酵素	塩基配列	制限酵素	塩基配列
Asn I	5′ ⋯⋯ A T↓T A A T ⋯⋯3′ 3′ ⋯⋯ T A A T↑T A ⋯⋯5′	Kpn I	5′ ⋯⋯ G G T A C↓C ⋯⋯3′ 3′ ⋯⋯ C↑C A T G G ⋯⋯5′
BamH I	5′ ⋯⋯ G↓G A T C C ⋯⋯3′ 3′ ⋯⋯ C C T A G↑G ⋯⋯5′	Sac I	5′ ⋯⋯ G A G C T↓C ⋯⋯3′ 3′ ⋯⋯ C↑T C G A G ⋯⋯5′
Cla I	5′ ⋯⋯ A T↓C G A T ⋯⋯3′ 3′ ⋯⋯ T A G C↑T A ⋯⋯5′	Sal I	5′ ⋯⋯ G↓T C G A C ⋯⋯3′ 3′ ⋯⋯ C A G C T↑G ⋯⋯5′
EcoR I	5′ ⋯⋯ G↓A A T T C ⋯⋯3′ 3′ ⋯⋯ C T T A A↑G ⋯⋯5′	Sau3A I	5′ ⋯⋯ ↓G A T C ⋯⋯3′ 3′ ⋯⋯ C T A G↑ ⋯⋯5′
EcoRV	5′ ⋯⋯ G A T↓A T C ⋯⋯3′ 3′ ⋯⋯ C T A↑T A G ⋯⋯5′	Sma I	5′ ⋯⋯ C C C↓G G G ⋯⋯3′ 3′ ⋯⋯ G G G↑C C C ⋯⋯5′
Hap II	5′ ⋯⋯ C↓C G G ⋯⋯3′ 3′ ⋯⋯ G G C↑C ⋯⋯5′	Xba I	5′ ⋯⋯ T↓C T A G A ⋯⋯3′ 3′ ⋯⋯ A G A T C↑T ⋯⋯5′
Hind III	5′ ⋯⋯ A↓A G C T T ⋯⋯3′ 3′ ⋯⋯ T T C G A↑A ⋯⋯5′	Xho I	5′ ⋯⋯ C↓T C G A G ⋯⋯3′ 3′ ⋯⋯ G A G C T↑C ⋯⋯5′

図9·1　制限酵素と塩基配列の切断部位

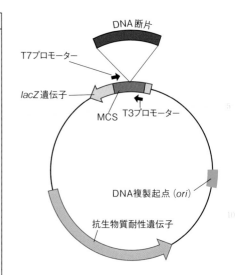

図9·2　プラスミドベクター
MCS：multi cloning site（複数の制限酵素サイト）

型の DNA を**プラスミド**という。目的の DNA 断片を宿主に導入して増幅させる運搬用の DNA を**ベクター**といい，プラスミドはベクターとして用いられる（図9·2）。大腸菌に天然に存在する ColE1 とよばれる環状のプラスミドは，1個の大腸菌の中で約25個まで増える。遺伝子操作用に高い増幅率のプラスミドが開発されている。ColE1 由来のプラスミド pUC は，ColE1 の複製起点が改変されており，1個の大腸菌の中で約700個にも増幅する。pUC は約3千塩基対と小型であるが，1万塩基対程度までの DNA 断片を組み込むことができる。

9.1.3　P C R

特定の DNA 断片を試験管の中で増幅させる技術もある。**PCR**（polymerase chain reaction）とよばれる方法は，DNA ポリメラーゼが DNA 複製を開始するには**プライマー**が必要なことを利用しており，プライマーの塩基配列を設定することによって，プライマーに挟まれた任意の領域の DNA を増幅させることが可能である（図9·3）。DNA ポリメラーゼは100℃でも活性を失わない好熱菌のポリメラーゼを用いる。DNA 2本鎖の中で，塩基配列がわかっている部分を2か所選び，そこに相補的に結合するプライマーを合成する。両方のプライマーは，互いに反対の鎖に結合するように設計する。この2つのプライマーと耐熱性の DNA ポリメラーゼを用いることにより，プライマーで挟まれた部分の DNA が増幅される。なお，DNA 複製で合成されるプライマーは RNA であるが，RNA は分解されやすい。PCR で用いる合成プライマーには分解されにくい DNA を用いる。

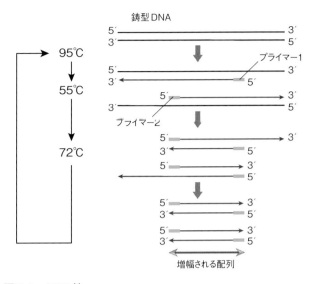

図 9·3 PCR 法
DNA 2 本鎖は 95℃ にすると 1 本鎖にほどけ、鋳型となる。プライマーは温度を下げると相補的な配列に結合する。DNA ポリメラーゼと基質の dNTP があれば、プライマーを起点として DNA 合成が開始される。2 本鎖を 1 本鎖に解離する 95℃、プライマーを結合させ DNA ポリメラーゼによる合成反応を開始させる 55℃、DNA ポリメラーゼの最適温度の 72℃ を繰り返すと、プライマーで挟まれた部分の DNA が、1 サイクルで 2 倍になり、40 サイクルで約 1 兆倍に増幅される。

参考 9.1 プライマーがゲノムの標的配列に瞬時に結合するしくみ

PCR でプライマーを結合させる時間は 30 秒である。その短い時間に、ゲノム上の特定の配列にプライマーが結合する。ヒトのゲノムの塩基配列は 3×10^9 もあるのに、短時間で特定の配列にプライマーが結合できるのはなぜだろうか。PCR に用いるプライマーの濃度は 100 nM ～ 1 µM であり、50 µL の反応液に 3×10^{12} ～ 3×10^{13} 分子が存在する。高濃度のプライマーが熱エネルギーで激しく運動し、DNA に衝突しているため、プライマー分子のどれかは標的配列に遭遇する。プライマーの長さを 25 塩基とすると、その塩基配列が存在する確率は $4^{25} \fallingdotseq 10^{15}$ 分の 1 となり、ヒトゲノムの中に 1 か所しかない標的配列にも、十分な精度で結合する。

参考 9.2 PCR の応用

ゲノム DNA の塩基配列の中には、同じ種ならば個体が異なっても同じ配列である部分と、個体間で異なる部分がある。個体間で、あるいは種が異なっても共通する配列を保存配列という。保存配列に結合するプライマーを用いると、保存配列の間の、非保存配列の部分まで増幅させることができる。個体ごとに配列が異なる非保存配列の塩基配列を解析すれば、個人を特定できる。PCR を用いれば、髪の毛や、血痕、唾液に含まれる微量な DNA を増幅することができるため、PCR 法は犯罪捜査などで活用される。また、非保存配列の中には病気になりやすさの情報が含まれている部分もあり、遺伝子診断に使われる。さまざまな種や系統間で保存されている配列にプライマーを結合させて PCR を行い、非保存配列の解析を行うと、非保存配列の違いを尺度に系統進化の関係を知ることができる。

9.2　遺伝情報の解析

　塩基配列を解析することを**シーケンス**という。シーケンスでは，DNA鎖の長さを解析することで塩基配列を決定する（図9·4）。

9.2.1　ゲル電気泳動

　アガロースゲルやポリアクリルアミドゲルの中で，電場をかけると，DNAはプラス極に移動する。移動速度は短いDNA断片ほど速い。そのため，DNAを長さによって分画することができる。アガロースゲルは数百塩基から数万塩基の長さのDNAを分画するのに適しており，ポリアクリルアミドゲルは100塩基から1000塩基程度のDNAを分けることができる。ポリアクリルアミドゲル電気泳動は1塩基の長さの違いを区別できるため，塩基配列の決定に使われる。

9.2.2　シーケンス反応

　DNAポリメラーゼは，1本鎖DNAに結合したプライマーの3′末端に，DNAを鋳型にしてデオキシヌクレオチド（dNTP）を付加し，ヌクレオチド鎖を合成する。反応系にジデオキシヌクレオチド（ddNTP）を添加すると，DNAポリメラー

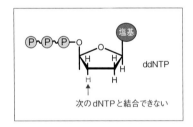

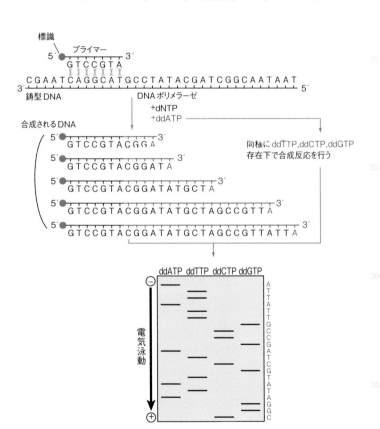

図9·4　シーケンス反応とゲル電気泳動

ゼは伸長している鎖の 3′ 末端に ddNTP を付加する。ddNTP の 3′ 末端は -OH でなく -H のため，次の dNTP を付加することができず，それ以上鎖を伸長できなくなる（図 9·4）。

たとえば，ddATP を反応系に適当な割合で混合すると，A のところで伸長反応が停止した，さまざまな長さのヌクレオチド鎖が合成されることになる。ポリアクリルアミドゲルで電気泳動すると，ヌクレオチド鎖は，プライマーから伸長反応が停止した A の箇所までの鎖の長さに応じて移動する。G，C，T についても同じ反応を行い，それぞれ別のレーンで電気泳動して移動度を解析すると，塩基配列を決定することができる。このシーケンス法を開発者にちなんでサンガー法という。

参考 9.3　シーケンスゲル電気泳動に添加する尿素

　シーケンスのゲル電気泳動では高濃度の尿素を添加する。シークエンス反応により合成されたヌクレオチド鎖は 1 本鎖のため，同じヌクレオチド鎖の中で相補的な結合をしてヘアピンのような構造をとる。そのため，鎖の長さに応じて移動せず，塩基配列を知ることができなくなる。尿素は塩基間の水素結合を妨げるはたらきがあるので，尿素を添加するとヌクレオチド鎖は直鎖化される。

9.2.3　次世代シーケンサー

　サンガー法は，注目する特定の遺伝子の塩基配列の決定に使われているが，近年，塩基配列を網羅的に高速で安価に決定する技術が開発された。この塩基配列の解析装置を次世代シーケンサー（ハイスループットシーケンサー）という。

　次世代シーケンサーは，網羅的な塩基配列の決定に適しており，生物の全ゲノムの塩基配列の解析や，土壌などの環境に生息するすべての生物のゲノムの解析（メタゲノム解析），遺伝子発現の解析などに用いられる。

参考 9.4　次世代シーケンサーの原理

　DNA を断片化して，各 DNA 断片に短いアダプター DNA 断片を連結し，1 本鎖 DNA にしてガラスなどの基板に固定する（図 9·5）。固定される DNA 分子は，$1cm^2$ あたり約 1000 万個にもなる。アダプターに相補するプライマーを加え，塩基ごとに異なる蛍光で標識された dNTP を基質に，DNA ポリメラーゼを用いて 1 塩基だけ DNA 鎖を伸長させる。蛍光を検出し，1 塩基の蛍光の検出が終わるごとに蛍光を外して，また 1 塩基だけ伸長反応を行う。これを繰り返すことで，基板上に 4 色の蛍光スポットが点滅する。個々の DNA スポットの蛍光の点滅のすべてを，同時に区別して検出することにより，膨大な数の DNA のシーケンスを同時並行で行うことが可能になった。得られた塩基配列の情報を，コンピューターを用いてつなぎ合わせることで，一連のゲノム DNA の塩基配列が得られる。次世代シーケンサーを用いれば，2022 年現在で，ヒト 1 個人の全ゲノムをわずか 5 時間で解析できるようになっている。

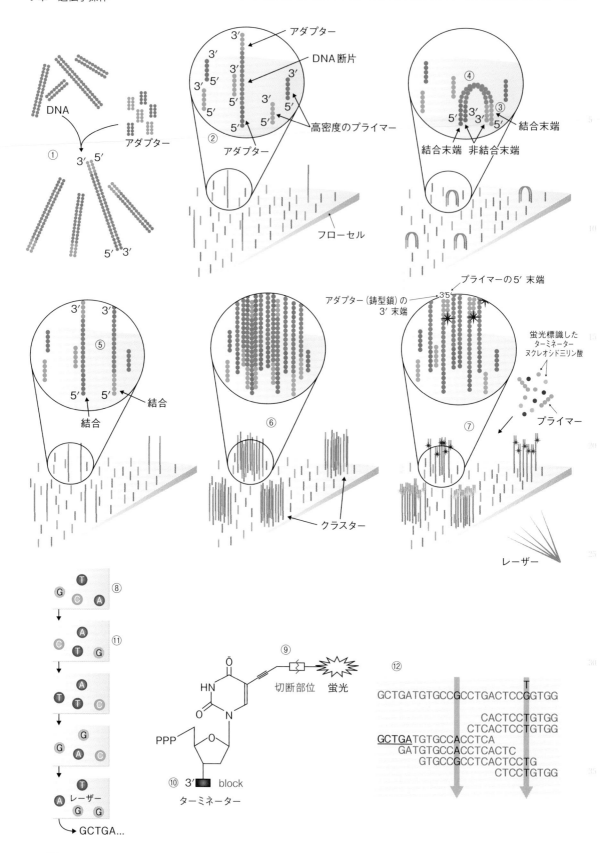

図9·5a　次世代シーケンサーの原理
①断片化したDNAの両端にアダプターDNAを結合させ，1本鎖に解離させる。②アダプターを結合した1本鎖DNAをフローセルに結合させる。1本鎖DNAは5′末端でフローセルに結合する。フローセルにはアダプターに相補するプライマーが高密度に結合している（図では見やすいように低密度に描いてある）。③フローセルに結合した1本鎖DNAの3′末端が，フローセルに結合したプライマーに相補的に結合する。④DNAポリメラーゼによりDNAを合成すると2本鎖DNAとなり，⑤2本鎖DNAを解離させ，フローセル上のプライマーを用いてPCR反応を繰り返すと，⑥約1000倍に増幅され，クローンDNAの束となるため，蛍光標識での検出が可能になる。⑦シーケンス反応の基質にはタ　ミネーターとよばれる3′末端をブロックしたヌクレオシド三リン酸を用いる。ターミネーターは塩基ごとに異なる波長の蛍光で標識されている。プライマーとターミネ・クを加えると，1塩基だけDNA鎖が伸長して蛍光標識される。⑧画像イメージを取り込み，⑨蛍光標識を除去する。⑩3′末端のブロックを除去すると，3′末端に–OHが生じて，次の伸長反応が可能になる。⑪1塩基伸長反応を行い，画像イメージを取り込む。これを繰り返して同時並行でシーケンスを行う。⑫得られた塩基配列を，アセンブルソフトウェアーを用いて連結する。連結に際して誤った塩基を重み付き多数決と統計解析により検出して，正しい塩基配列に修正する。（イルミナ社の資料を参考に作図）

画像イメージの取り込み

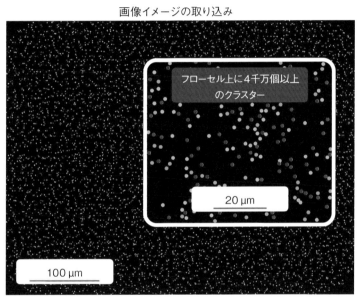

図9·5b　フローセル上の蛍光の画像イメージ
（イルミナ社の資料を参考に作図）

9章

遺伝子操作

コラム9.1　次世代シーケンサーの応用

　短時間で膨大な塩基配列を決定できる特徴を活かして，さまざまな応用がなされている。例えば，メタゲノム解析では，多数の生物種のゲノムDNAの塩基配列の情報が混ざった状態で得られるが，コンピューターを用いて塩基配列の情報をつなぎ合わせることで，生物種ごとにゲノム情報を分けることができる。そのため，海水や土壌などの環境に生息する個々の生物種を目視することなく知ることができる。また，メタゲノム解析により未知の新種生物の存在が次々と明らかになっている。

　全RNAの塩基配列を網羅的に決定する方法をRNAシーケンシング（RNAseq）という。RNAseqでは，RNAを鋳型に逆転写酵素により相補的な塩基配列をもつDNA(cDNA)を合成し，塩基配列を次世代シーケンサーで解析する。ある特定の組織でRNAseqを行うと，その組織で発現している遺伝子の種類と，個々の遺伝子の相対的な発現量を知ることができる。現在では，1つの細胞から抽出したRNAでもRNAseqが可能になっており，発生過程における細胞が発現している遺伝子を解析することで，細胞の分化の状態を細胞単位で解析することができる。

9.3　遺伝子導入

　遺伝子を細胞や生体に導入して発現させることにより，遺伝子の機能や，遺伝子の転写調節領域の情報を明らかにすることができる。また，遺伝子治療や有用な生物の作出にも遺伝子導入が行われる。

9.3.1　遺伝子導入法

　遺伝子を細胞に導入すると，原核生物では細胞質基質，真核生物では核に取り込まれ，多くはゲノム DNA 外遺伝子として短時間存在して発現する。ゲノムに組み込まれると，ゲノム DNA の複製に伴って複製され，長期間にわたって存在する。多細胞生物では，生殖細胞のゲノム DNA に組み込まれると子孫に伝わる。

　プラスミドには感染力がなく，大腸菌にはほとんど取り込まれないが，大腸菌を $CaCl_2$ を含む溶液中で氷冷すると，細胞壁や細胞膜の強度が低くなり，プラスミドが入り込めるようになる。このようにした大腸菌をコンピテントセルという。しかし，コンピテントセルであってもプラスミドが入り込む大腸菌は少ない。遺伝子操作に用いるプラスミドには抗生物質を無害化する遺伝子（図 9・2）を組み込んであり，抗生物質を培地に添加することによりプラスミドを取り込まなかった大腸菌を排除している。

　遺伝子導入の方法は導入の目的によっていくつかある。電気パルスで細胞膜に瞬間的に孔を開けるエレクトロポレーション法や，脂質を利用するリポフェクション法がある。リポフェクション法では，正電荷をもつ脂質の小胞に DNA を取り込ませ，脂質小胞がエンドサイトーシスにより細胞に取り込まれることで遺伝子が導入される。ウイルスの感染力を利用するウイルスベクター法は，遺伝子治療などに使われる。ガラス針で DNA 溶液を細胞に注入する顕微注入法は，受精卵への遺伝子導入などで用いられる。

コラム 9.2　新型コロナウイルス RNA ワクチン
　新型コロナウイルス（SARS-CoV-2）に対する RNA ワクチンは，遺伝子導入ではないが，ウイルスのスパイクタンパク質をコードする mRNA をリポフェクション法により細胞に導入し，発現させることにより SARS-CoV-2 に対する獲得免疫を誘導している。

9.3.2　リポーター遺伝子

　特定の遺伝子の転写調節領域に，発現の目印となるリポーター遺伝子を連結して遺伝子導入すると，リポーター遺伝子は転写調節領域の情報にしたがって発現する。リポーター遺伝子としてホタルのルシフェラーゼ遺伝子や，クラゲの発光タンパク質 GFP（green fluorescent protein：緑色蛍光タンパク質）の遺伝子が用いられる。転写調節領域に，さまざまな変異を加え，遺伝子導入してリポーター遺伝子の発現量や発現領域を解析することにより，転写調節領域の塩基配列の情報を知ることができる。

コラム 9.3　クラゲの GFP

　下村 脩博士はオワンクラゲが光るしくみを明らかにし，緑色の蛍光を発する GFP の遺伝子をクローニングした。GFP 遺伝子はクラゲ由来の遺伝子であるにもかかわらず，すべての生物で発現させることができる。調べたいタンパク質と GFP の融合タンパク質を合成する組換え遺伝子を作製し，これを細胞に遺伝子導入して発現させると，GFP を目印としてタンパク質の動きを生きたまま解析することができる。現在では，赤，黄色，青緑などさまざまな色の光るタンパク質の遺伝子が得られており，色の違う光るタンパク質で標識することにより複数のタンパク質の動きを解析することが可能になった。生物学を飛躍的に進歩させた GFP の発見の功績により，下村 脩博士は 2008 年にノーベル化学賞を受賞した。

9.4　タンパク質の人工合成

　目的のタンパク質を合成させるためのベクターを発現ベクターという（図9·6）。バクテリオファージの RNA ポリメラーゼが結合するプロモーターの下流に，合成したいタンパク質をコードする DNA を結合させたプラスミドをつくり，このプラスミドを大腸菌に導入して，大腸菌にバクテリオファージの RNA ポリメラーゼを発現させると，大腸菌に大量の目的のタンパク質を合成させることができる。真核生物の遺伝子にはイントロンが含まれているため，真核生物の遺伝子を大腸菌で発現させても，目的のタンパク質を合成させることができない。mRNA を鋳型に逆転写によって合成した DNA を cDNA（complementary DNA）といい，cDNA であればスプライシングができない大腸菌であっても，

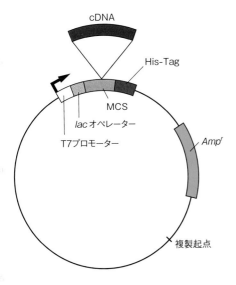

図 9·6　発現ベクター

参考 9.5　タンパク質の生産

　培養細胞でタンパク質を合成する場合は，ヘルペスウイルスの一種である CMV（cytomegalovirus）のプロモーターがよく用いられる。CMV プロモーターは多くの細胞種で強く発現する。大腸菌にタンパク質を合成させる場合は，大腸菌ではたらくバクテリオファージのプロモーターを用いる。主に用いられるのは T7 プロモーターである（図9·6）。タンパク質を合成させる大腸菌のゲノムには，あらかじめ T7 RNA ポリメラーゼ遺伝子を組み込んでおく。T7 プロモーターの下流に，合成したいタンパク質の遺伝子を連結したプラスミドを大腸菌に遺伝子導入し，大腸菌に T7 RNA ポリメラーゼ遺伝子を強制的に発現させると，T7 RNA ポリメラーゼが，プラスミドの T7 プロモーターに結合する。その結果，目的のタンパク質の mRNA が大量に合成され，大量のタンパク質が合成される。T7 RNA ポリメラーゼは，真核生物や大腸菌の RNA ポリメラーゼとは異なり，たった 1 本のポリペプチドで構成されており，T7 プロモーターに特異的に結合し，自動的に RNA を合成する性質をもつ。

　このように，バクテリオファージの RNA ポリメラーゼは単純で効率のよい機能をもつため，大腸菌にタンパク質を合成させる遺伝子操作で用いられる。

真核生物のタンパク質の合成が可能である。ヒトのタンパク質を合成する場合は，ヒトなどの哺乳類の培養細胞を用いると，ポリペプチド鎖の折り畳みや，タンパク質の修飾が正確に行われ，本来のタンパク質とほぼ同様の活性をもつタンパク質が得られる。治療に用いられるタンパク質製剤は，大腸菌や培養細胞で合成されている。

9.5　ゲノム編集技術

ゲノム編集技術は，ゲノムの任意の塩基配列の部分でDNA 2本鎖を特異的に
<small>genome editing</small>
切断し，配列に変更を加えることができる技術である。DNA 2本鎖を配列特異的に切断する酵素として，制限酵素があるが，販売されている制限酵素の種類には限りがある。また，認識配列は4塩基〜8塩基であり，ゲノム上に多数の認識配列があるため，特定の遺伝子を狙って切断することはできない。ゲノム編集で用いる酵素は，ゲノムの特定の1か所を切断するように設計されている**人エヌクレアーゼ**である。
<small>artificial nuclease</small>

　ゲノム編集は，細胞の中で標的配列に2本鎖切断を導入することから始める。切断された2本鎖は，細胞の修復システムによって再結合されるが，その時，切断端付近の塩基配列が欠失したり，意味のない塩基が挿入されたりすることが多い（☞ p 124）。そのため，コード領域を標的とした場合は，コドンの読み枠がずれて，変異点のC末端側は異なるアミノ酸配列になったり，多くは終止コドンとなって翻訳が止まり，C末端側が欠失したタンパク質となったりする（☞ p 124）。

参考 9.6　CRISPR 法

　私たちの免疫と同じように，原核生物にも，侵入者を記憶して排除するしくみがある。CRISPR（clustered regularly interspaced short palindromic repeat：クリスパー）は，原核生物の獲得免疫にかかわる遺伝子座である。CRISPRには，侵入したバクテリオファージやプラスミドの塩基配列を記憶して，その配列をもったDNAが再び侵入すると切断して排除するはたらきをもつ遺伝子が位置している。ストレプトコッカス（連鎖球菌）のCRISPRは，*tracr RNA*（trans-activating crRNA）遺伝子，*Cas9* と他の *Cas* 遺伝子，一組のリピートとスペーサーを単位とする配列が繰り返す構造をもつ遺伝子からなる（図9·7）。*Cas* はエンドヌクレアーゼをコードする遺伝子である。外来DNAに侵入されたストレプトコッカスは，外来DNAをCasエンドヌクレアーゼによって分断する。分断された外来DNAは，スペーサー領域に組み込まれ，この塩基配列の相補性を利用して，再び侵入してきた外来DNAを効率よく切断することにより排除する。

　リピート・スペーサー遺伝子から転写されたRNAは一組のスペーサーとリピートを単位とする断片に分断され，短いCRISPR RNA（crRNA）となる。crRNAのリピート領域の塩基配列は *tracrRNA* 遺伝子から転写されるtracrRNAと相補的に結合するため，tracrRNAがCas9に組み込まれると，crRNAがCas9にセットされることになる。crRNA-tracrRNA複合体を組み入れたCas9複合体は，crRNAのスペーサー領域にある外来塩基配列の部分で，外来DNAに相補的に結合し，Cas9が外来DNAを切断する。

　CRISPR法では，切断したい配列に相補的に結合するガイド配列とtracrRNA配列が連結して転写される遺伝子と，*Cas9*遺伝子を組み込んだ発現ベクターをプラスミドで作製し，これを受精卵，または培養細胞に導入して発現させることで，ゲノム上の標的配列を切断する。ガイド配列は20塩基あるため，その配列が存在する確率は $4^{20} \fallingdotseq 1.2 \times 10^{12}$ 分の1となり，ヒトゲノムサイズ 3×10^9 の特定の1か所を切断するに十分な精度となる。CRISPRの構築は簡単にできるため，ゲノム上の複数の点を切断するのに有効である。

また，2本鎖が切断された箇所では**相同組換え**（☞ p 85, 125）が起こりやすくなる性質を利用して，ゲノムの特定の位置に，特定の遺伝子を挿入する技術も開発されている。ゲノム編集技術には **CRISPR 法**などがある（図9·7）。

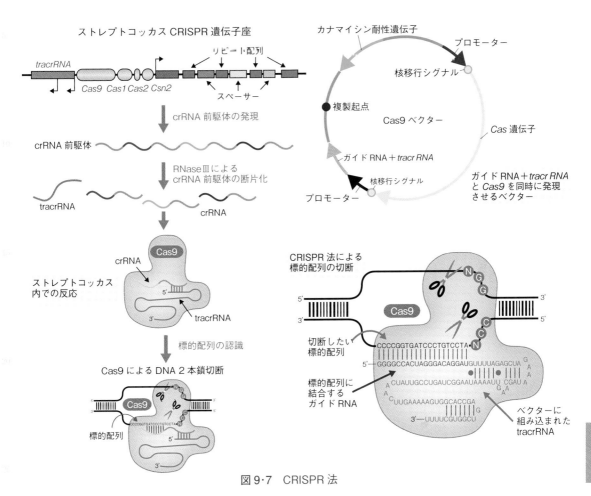

図9·7　CRISPR 法

コラム9.4　遺伝子組換えとゲノム編集による有用動植物の作出
　遺伝子組換えによって農業や畜産，水産に有用な動植物が作出されている。動物では，成長ホルモンの遺伝子を組み込んだ大きく成長するサケなどがある。植物では，昆虫に消化不良を起こすタンパク質の遺伝子を組み込んだ食害を受けないトウモロコシや，除草剤に耐性の遺伝子を組み込んだ除草剤をかけても枯れないダイズ，ビタミンAの合成にかかわる遺伝子を組み込んだイネ，青い色素をつくる遺伝子を組み込んだバラなどがある。これらは，遺伝子組換え生物であるため，生物多様性への影響がないようにカルタヘナ法にもとづいて栽培されている。また，食品としての安全性の科学的評価を受けて，合格したものだけが流通を許可されている。
　ゲノム編集では，外来遺伝子を組み込まないため，ゲノム編集作物の遺伝的変異は自然に生じる突然変異と同等であり，育種によって作出された作物と見分けがつかない。したがって，栽培や流通の規制を受けない。成長や食欲を抑制する遺伝子を破壊して個体のサイズを大きくしたマダイやトラフグ，リラックス効果があり血圧を抑制するはたらきがある GABA(γ - アミノ酪酸) を高濃度に蓄積するトマトなどの食品が生産され，販売されている。
　ゲノム編集と遺伝子組換えを組み合わせると，効率よく外来遺伝子をゲノムに挿入することができるが，そのような作物は遺伝子組換え作物となり，規制の対象となる。

10章 生 殖

生物の個体が，自己と同じ種類の新しい個体をつくり出すことを生殖とよぶ。
reproduction
生殖には，2つの細胞が合体して生殖する有性生殖と，細胞や個体が分裂して
sexual reproduction
そのまま新個体になる無性生殖がある。
asexual reproduction

10.1 無性生殖

無性生殖の様式には，分裂，出芽，栄養生殖がある。細胞や個体から，ほぼ同
asexual reproduction fission budding vegetative reproduction
じ形で同じ大きさの一対の新個体ができる生殖を分裂とよぶ。細菌や，単細胞の
ゾウリムシやアメーバなどの原生生物は分裂で増殖する。多細胞生物でも，扁形
動物のプラナリアや棘皮動物のヤツデヒトデは，体を分裂させ，反対側を再生さ
せて増える。もとになる細胞や個体より小さく，芽のような新個体ができる生殖
を出芽とよぶ。出芽は酵母のような単細胞生物の他，ヒドラなどの多細胞生物に
も見られる。種子植物が，花などの生殖器官ではなく，根・茎・葉などの栄養器
官の一部から新個体をつくることを栄養生殖とよぶ。

10.2 有性生殖

有性生殖では，配偶子とよばれる生殖のための特別な細胞がつくられ，配偶子
sexual reproduction gamete
が合体して新しい個体が生じる。配偶子が合体することを接合という。ヒトの雄
conjugation
性配偶子は鞭毛で運動する精子であり，雌性配偶子は卵である。一般に卵は精子
spermatozoon ovum
に比べて大きく，栄養分などが蓄えられている。卵と精子の接合を特に受精とい
fertilization
い，受精した卵を受精卵とよぶ。
fertilized egg

参考 10.1 ゾウリムシの有性生殖

　ゾウリムシは無性生殖で増殖するが，約700回分裂すると増殖できなくなる。増殖できなくなるのは，DNA複製
の過程で突然変異が蓄積するためと考えられる。ゾウリムシにも性があり，増殖できなくなると異なる性の間で有
性生殖を行い，核を交換することで失われた遺伝情報を補っている。ゾウリムシには大核と小核があり，小核だけ
が生殖にかかわる。大核は小核から生じ，通常の生命活動にかかわるが，有性生殖の間は消失する。増殖できなくなっ
たゾウリムシの小核は減数分裂（☞ p85）をして4個の n 核になり，4個の n 核のうち，3個は消失する。残りの
1個の n 核が分裂して，2個の n 核になると接合し，1個の n 核を交換する。交換した核がもとの核と融合すると
$2n$ になり，ゾウリムシは再び約700回分裂することが可能になる。

10.2.1　遺伝の法則

　一組の夫婦から生まれた兄弟や姉妹でも，姿かたちが少しずつ違う。生物がもつ形や性質を**形質**といい，同じ遺伝子でも塩基配列が少し異なることにより，異なる形質になることがある。メンデルはエンドウを用いて，2つの個体間で交配を繰り返し，遺伝する形質を定量的に解析した。その結果，遺伝に法則性があることを発見した。交配実験では，親世代に**純系**を用いる必要がある。純系とは，自家受精を繰り返しても同じ形質しか現れない系統のことである。エンドウの種子の表面は「滑らか」か「しわがある」かのどちらかである。このように対になっている形質を対立形質といい，対立形質を担う遺伝子を**対立遺伝子**という。滑らかな表面の種子を「丸」，しわがある種子を「しわ」と表すと，エンドウの丸としわの純系を交配して得た種子はすべて丸であった。

　対立遺伝子をもつ純系を交配して得た最初の子を**雑種第1代**（**F₁**）[＊10-1] という。F₁に現れる形質を**顕性形質**（優性形質），現れない形質を**潜性形質**（劣性形質）とよび，対立形質をもつ純系の両親から生じるF₁に顕性形質だけが現れることを，**顕性の法則**という（図10·1）。

　遺伝子は，両方の親から配偶子によって子に伝えられる。したがって，子は両方の親に由来する一対の遺伝子をもつことになる。丸の遺伝子をA，しわの遺伝子をaと表すと，丸の純系はAA，しわの純系はaaとなり，AAとaaを交配して得られるF₁はすべてAaとなる。Aはaに対して優性なので，F₁はすべてが丸の形質をもつ。種子の丸としわのように，実際に現れる形質を**表現型**といい，Aaのように遺伝子を表したものを**遺伝子型**という。また，遺伝子型でAaのような対立遺伝子の組合せを**ヘテロ接合体**，AAやaaのような同じ遺伝子型の組合せを**ホモ接合体**という。顕性形質を発現させる遺伝子を**顕性遺伝子**といい，潜性形質を発現させる遺伝子を**潜性遺伝子**という。ヘテロ接合体では顕性形質が現れ，aaのように潜性遺伝子のホモ接合体は，潜性形質が現れる。なお，遺伝子を表す場合は，表現型と区別するため，Aやaのように斜体にする。

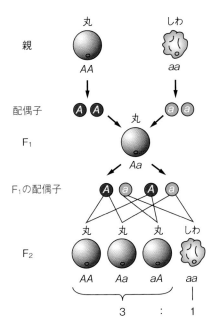

図 10·1　顕性の法則

10.2.2　動物の配偶子形成

　生殖のために特別に分化した細胞を**生殖細胞**という。生殖細胞から配偶子の**精子**または**卵**がつくられる（図10·2）。生殖細胞のもととなる細胞を**始原生殖細胞**といい，脊椎動物では精巣や卵巣とは別の所で形成される。哺乳類の始原生殖細胞は，胎児期の尿のうと卵黄のうで生じ，やがて胚の前方に向けて移動して精巣または卵巣に入る。精巣に入った始原生殖細胞は，**精原細胞**とよばれるようにな

＊10-1　F₁とは First（1st）filial generation の略。

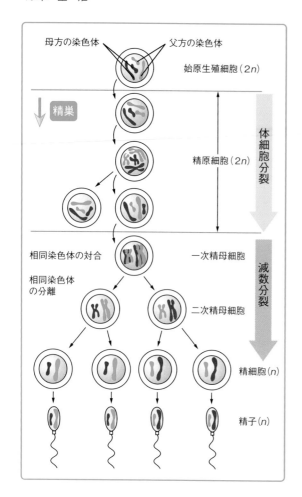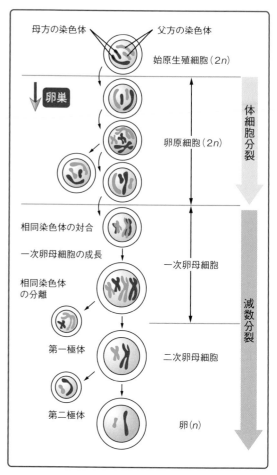

図 10・2　配偶子形成

り，精原細胞は体細胞分裂を繰り返して細胞数を増やす。個体が成熟すると，一部の細胞が**減数分裂**（☞ p 85）を開始し**一次精母細胞**とよばれる細胞になる。一次精母細胞が第一減数分裂を終えると**二次精母細胞**になり，二次精母細胞が第二減数分裂を終えると，4 個の**精細胞**になる。精細胞は，核の凝縮，鞭毛の形成などの成熟過程を経て**精子**となる。

　卵巣に入った始原生殖細胞は，**卵原細胞**とよばれるようになり，卵原細胞は体細胞分裂を繰り返して増殖する。個体が成熟すると，一部の卵原細胞が減数分裂を開始し**一次卵母細胞**とよばれる細胞になる。多くの動物では，一次卵母細胞は第一減数分裂前期で分裂を停止し，栄養分などを蓄えて成長し，大形の細胞になる。分裂を停止していた一次卵母細胞は，ホルモンなどの刺激により減数分裂が再開され，一次卵母細胞は不均等に分裂して大きな**二次卵母細胞**と小さな細胞の第一**極体**になる。続く第二減数分裂でも二次卵母細胞は不均等に分裂して，大きな**卵**と小さな第二極体になる。極体は後に消失する。

　卵には，発生に必要な栄養源や，体軸の情報を担うタンパク質，遺伝子の発現調節を行うタンパク質など，さまざまな物質を詰め込む必要がある。そのため，精子形成とは異なり，減数分裂で生じる 4 個の生殖細胞の 1 個だけを卵にして，他の 3 個を極体として捨てている。

10.2.3　減数分裂

　体細胞は父方からの一組の染色体と母方からの一組の染色体（ヒトでは父方母方とも 23 本）の両方をもつ。父と母由来の同じ形・同じ大きさ・同じ遺伝子をもつ一対の染色体を**相同染色体**という。二組の相同な染色体をもつ個体または細胞を二倍体といい，体細胞は二倍体である。配偶子は一倍体であり，染色体が半減する**減数分裂**とよばれる細胞分裂を経て形成される（図 10·3）。母細胞の染色体数を $2n$ と表すと，配偶子の染色体数は n となる。

　母細胞の染色体の複製が完了すると，複製して生じた 2 本の染色体は，並列して接着した状態にある。減数分裂では，第一減数分裂の前期に相同染色体同士が平行に並んだ状態になり，4 本の染色体が分離せずにまとまって行動する。減数分裂で相同染色体が平行に接着する現象を**対合**という。対合した相同染色体を

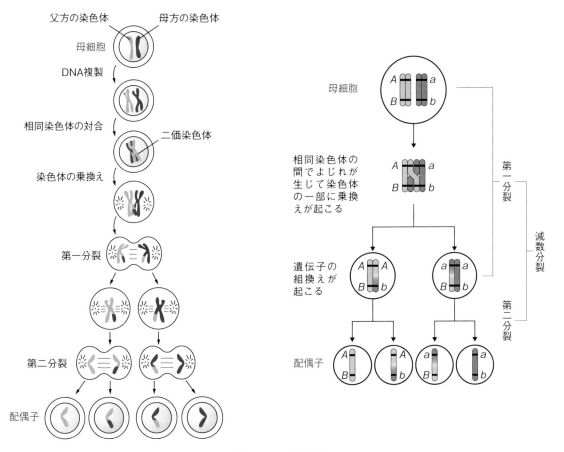

図 10·3　減数分裂

85

二価染色体といい，分裂中期には相同染色体が対合したまま赤道面に並ぶ。後期
には相同染色体が対合面で分離し，両極に移動して，終期に細胞質が2分する。
この過程で，細胞がもつそれぞれの相同染色体は，父親由来または母親由来のど
ちらか片方になる。減数分裂前の母細胞は，父親由来と母親由来の両方の相同染
色体をもつが，二次精母細胞と，二次卵母細胞は，どちらか片方だけを受け取る
ため，相同染色体は半減する。受け取る相同染色体が父親由来か母親由来かは，
ランダムである。

　続いて，染色体の複製が行われないまま第二減数分裂が開始され，第一減数分
裂で生じた2個の細胞が，それぞれ体細胞分裂とほぼ同じ過程を経て分裂する。

参考10.3　性染色体と性の決定

　ヒトの23組の染色体のうち，性を決定するX染色体とY染色体を**性染色体**といい，
それ以外の染色体を**常染色体**という（図10・4）。XXの組合せは女性，XYの組合せは男
性となる。Y染色体はX染色体と比べて著しく小さく，形も異なるが，もともと1対の常
染色体に由来するため，減数分裂の第一分裂中期には一組となって行動する。Y染色体は
雄の性を決定する遺伝子を獲得したが，X染色体と乗り換える能力を失い，DNAの組換
え修復（☞p125）ができなくなり，突然変異が蓄積して，機能しない遺伝子が多くなっ
たり，染色体が短くなったりして，現在の小形のY染色体となっている。ヒトのX染色
体は約1100個の遺伝子をもつが，Y染色体には約80個しかなく，タンパク質をコード
する遺伝子は30個以下である。性染色体がかかわらない性決定をする動物もいる。爬虫
類のワニは，受精してから孵化するまでの環境が33℃以上で雄，30℃以下で雌になる。
クロダイは，若いときは雄，加齢に伴い雌になる。種によって，温度環境の高低や加齢に
よる雌雄の決定が反対の動物もいる。

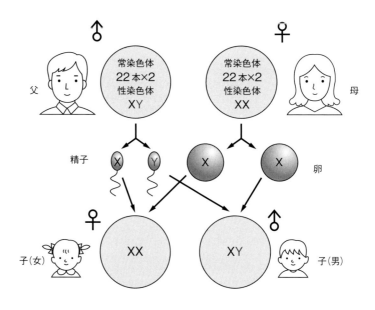

図10・4　ヒトの性決定

10.2.4 連鎖と乗換え

1本の染色体には多数の遺伝子が存在する。ヒトの場合，1本の染色体に平均約1000個の遺伝子が存在する。染色体に複数の遺伝子が存在している状態を，遺伝子の**連鎖**という。同じ種では，染色体上の遺伝子の位置関係は一定であり，相同染色体の同じ位置には同じ遺伝子が存在する。染色体上の遺伝子の位置のことを**遺伝子座**という。

減数分裂では，DNA複製が完了すると，相同染色体が対合し，二価染色体となる。このとき，対合した相同染色体の間で相同組換えにより染色体の一部が入れ替わる（☞ p85）。これを**乗換え**といい，乗換えにより遺伝子が組み換えられる。乗換えが起こるのは，DNA塩基配列の相同性による遺伝的組換えが生じるからである。これを**相同組換え**（☞ p125）という。遺伝子の組換えが起こる割合を**組換え価**という（図10·5）。遺伝子は，染色体に1列に配置されており，遺伝子間の距離が離れているほど，組換えが起こりやすい。そのため，複数の特定の遺伝子に注目して組換え価を調べると，その遺伝子の位置関係を知ることができる。これを図に示したものを**染色体地図**という。

現在ではゲノムをシーケンスすることにより，遺伝子の位置関係を知ることができるが，分子生物学が発展する以前は組換え価によって遺伝子座を決めていた。

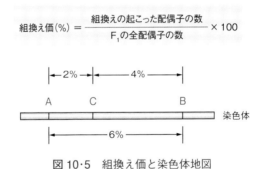

$$組換え価(\%) = \frac{組換えの起こった配偶子の数}{F_1 の全配偶子の数} \times 100$$

図 10·5　組換え価と染色体地図

参考 10.4　減数分裂と染色体の乗換えによる遺伝子の多様性の増加

減数分裂の第一分裂では，父親または母親由来の相同染色体が，2つの細胞のどちらに分配されるかは完全にランダムである。ヒトでは，配偶子の染色体数は23本なので，各相同染色体の組合せパターンは 2^{23}（約800万）となる。精子と卵は，それぞれ 2^{23} パターンの相同染色体の組合せがあるため，受精卵が受け取る染色体のパターンは 2^{46}（約64兆）パターンとなる。また，一組の相同染色体に乗換えがあると（☞ p85），組合せは2倍になる。実際にはほぼすべての相同染色体で乗換えが起こるため，乗換えだけで片方の配偶子の染色体の組合せのパターンは 2^{23} 倍となり，相同染色体のランダムな分配と合わせて，受精卵が受け取る染色体のパターンは 2^{92} となる。

このように，父方の遺伝情報と母方の遺伝情報が，減数分裂と受精の過程で混合され，次の世代へ受け継がれていく。同じ兄弟でも姿かたちが違うのは，この数字からもよく理解できる。遺伝子の混合により遺伝子型の多様性が生まれ，さまざまな環境に対する適応力をもつ子孫が生まれる可能性が生じ，さらには進化の可能性も広がる。

11章 発　生

多細胞生物は，受精をきっかけとして生命活動を開始し，体づくりを始める。受精する前は単なる物質だった卵が，受精により生命活動の化学反応の連鎖を始め，細胞分裂を繰り返しながら細胞が分化する。発生の初期段階の個体を胚という。やがて，特定の細胞が集まって組織や器官をつくり，個体が形成され，性成熟して成体となる。これらの一連の過程を発生といい，体の形をつくることを形態形成という。受精卵は成体のすべての種類の細胞に分化する能力をもつ。この能力のことを全能性という。発生を開始してしばらくすると，細胞は全能性を失い，特定の細胞にしか分化できなくなる。

発生には4つの基本的なしくみがはたらく。「①細胞増殖」，「②細胞分化」，「③細胞間相互作用」，「④細胞の移動」である。発生の研究は，さまざまな生物の特徴を活かして行われてきた。ハエやウニ，カエル，ヒトなど，形態はまったく異なるが，発生の基本的なしくみは共通している。本書では，個々の生物の発生様式を学ぶのではなく，発生現象のしくみの基本概念を学ぶ。

コラム 11.1　発生に必要な遺伝子

多細胞の動物と，単細胞真核生物の酵母の遺伝子を比べると，大きな相違が2つある。細胞膜の受容体や，細胞接着・細胞外マトリックスにかかわるタンパク質，イオンチャネルの遺伝子は線虫では約2000個あるが，酵母には存在しないか，わずかしかない。また，遺伝子発現調節ネットワーク（☞p68，156）にかかわる転写因子の種類は，酵母では動物に比べてわずか20分の1である。細胞間相互作用や，遺伝子発現調節ネットワークの遺伝子を進化させたことにより，多細胞化と細胞分化，形態形成を可能にし，複雑で高度な機能をもつ個体をつくりあげることに成功した。

11.1　精子と卵

精子には，卵に精子の核を運ぶはたらきと，卵を活性化させて発生を開始させるはたらきがある。精子の核を精核という。精子は，精核と中心体，卵との融合にかかわる先体，精子の運動にかかわる鞭毛，鞭毛運動に使われるATPを合成するミトコンドリアをもつ（図11·1左）。

卵の核を卵核という。卵は細胞質に卵黄を蓄えており，卵黄にはエネルギー源となる脂質・多糖類や，体の素材となるタンパク質が含まれている。細胞の外側

に層状の糖タンパク質からなる細胞外マトリックスがあり，哺乳類では透明帯とよばれる。

　多くの動物の卵には軸がある。卵形成の過程で極体が放出される部分を**動物極**といい，その対極を**植物極**という（図11·1 右）。動物極と植物極を結ぶ線を**動植物軸**とよぶ。動植物軸をもつ動物は，この軸を基準に細胞分化を始める（☞ p 68）。動植物軸に直交する面を**赤道面**という。

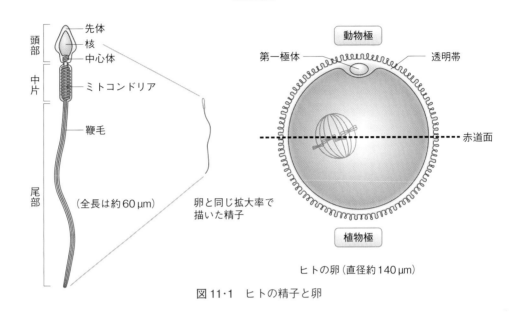

図 11·1　ヒトの精子と卵

参考 11.1　精子と卵の大きさと構造
　精子は受精するために特化した必要最小限の細胞といえる。精子は細長く，ヒトでは長さは約60 µm である。体外に産卵される卵は，食物を摂取できるまでの期間に必要なエネルギー源や，体をつくるための材料が蓄積されており，単細胞でありながら巨大である。カエルや魚類の卵は 1〜2 mm，鳥類や爬虫類は数 cm にもなる。胎内で成長する哺乳類の卵は比較的小さいが，約100 µm あり，一般的な体細胞の 10〜30 µm に比べて大きい。

11.2　受　精

　精子が卵の透明帯に結合すると，精子の細胞膜と先体外膜が融合して，先体の内容物が透明帯に放出される。この過程を**先体反応**という（図11·2）。続いて，精子の頭部が透明帯を貫通し，精子と卵の細胞膜が融合すると，卵の小胞体から細胞質基質に Ca^{2+} が放出される。卵の細胞内では，Ca^{2+} 濃度の増加によりさまざまなタンパク質の立体構造が変化して，生命活動の化学反応が開始される。卵に進入した精子の核は精核となり，精核と卵核が合体して，受精が完了する。続いて，精子がもち込んだ中心体が分裂して細胞分裂が開始される。

　先体の内容物には，加水分解酵素が含まれており，透明帯を溶かして精子が卵の細胞膜に到達する。先体反応により露出した先体内膜には，卵の細胞膜と結合するタンパク質があり，精子と卵の細胞膜が融合して，精核と中心体が卵に入る。

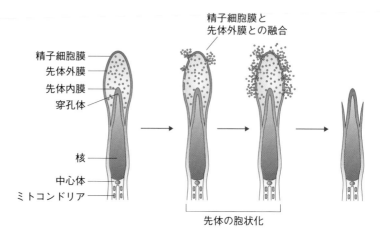

図 11·2　哺乳類の精子の先体反応

参考 11.3　Ca^{2+}濃度の上昇が発生を開始させる
　Ca^{2+}を注入するなど，未受精卵の細胞質の Ca^{2+}濃度を人為的に増加させると卵が活性化し，受精したように化学反応が進む。一方，Ca^{2+}キレート剤の EGTA を注入して Ca^{2+}濃度の増加を抑えると，精子が進入しても，発生は開始されない。

コラム 11.2　卵と精子の出会いを促進するしくみ
　受精の研究は，ウニやヒトデなどの海産無脊椎動物を対象に進められてきた。卵と精子が得やすく，体外で受精させることができるからである。自然界では，潮の満ち干や，水温の変化を認識して，雄と雌がほぼ同時に大量の精子と卵を海水中に放出する。精子と卵が高密度に存在すれば，出会う可能性はあるが，それでも海水中で希釈されるため確率は低い。海中に産卵される卵からは，精子を引き付ける物質が放出されている。ウニの卵からは精子の運動を活性化させる物質が放出されることや，ホヤの卵からは精子誘引物質が放出されることが知られており，それらの化学物質や，誘引のしくみも解明されている。

参考 11.4　複数の精子を進入させないしくみ
　複数の精子が卵に進入すると，核の数が多くなり，正常な発生が起こらなくなる。卵には，最初の精子が卵に結合すると，次の精子を受け入れない**多精拒否**とよばれるしくみが備わっている。ウニでは，精子が卵に結合するとナトリウムチャネルが開き，卵の細胞内に Na$^+$が流れ込む。そのため，卵細胞膜が脱分極（☞ p132）して，精子が卵に進入できなくなる。続いて，受精膜が形成されて物理的に精子が排除される。哺乳類も透明帯が変化して多精拒否が成立することが知られている。

11.3　胚葉の形成

発生の初期段階では，細胞は大まかに外胚葉と内胚葉，中胚葉の３つの層に分かれる。初期発生の研究は，胚が透明なため胚の内部を観察しやすいウニが用いられてきた。初期発生過程は，ヒトを含め他の動物も基本的に同じである。

11.3.1　ウニの初期発生

受精卵は細胞分裂を繰り返して細胞を増やす。最初はどの細胞も同じように見える。この時期の細胞分裂は細胞の成長を伴わず卵が割れるように見えるため**卵割**とよばれる（図 11·3）。やがて細胞の集団は層状になり，単純な中空の構造をとる。この時期の胚を**胞胚**とよぶ。次に，植物極の細胞層が内側に陥入する。陥入により生じた陥凹部を**原口**という。陥入した細胞群は**内胚葉**となり，内胚葉からは将来，消化管が形成される。陥入した細胞群と，陥入により生じた腔所を合わせて**原腸**という。外側の細胞群のうち，外側に残る領域が**外胚葉**になる。外胚葉からは表皮や神経系が形成される。外胚葉は主として動物半球の細胞で構成される。外側の細胞群から，外胚葉と内胚葉の間に移動する細胞群は**中胚葉**になる。中胚葉からは筋細胞や骨が形成される。

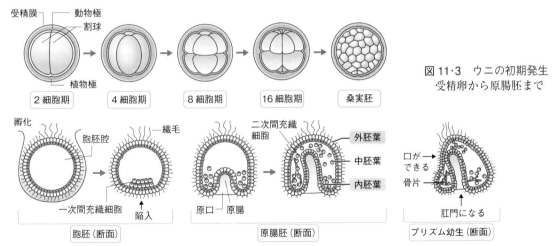

図 11·3　ウニの初期発生
受精卵から原腸胚まで

コラム 11.3　発生の過程は進化の過程とよく似ている

動物の祖先はアメーバのように単細胞だった。単細胞が互いに接着して多細胞になると，細胞塊の内側の細胞は環境からの栄養分の取り込みや，老廃物の排出がしにくくなる。動物は細胞を個体の表面に並べて中空にすることで問題を解決した。現生のカイメン動物が相当する。次に，細胞層を陥入させ，陥入部分で効率よく食物を捕まえ，消化することを可能にした。陥入部は内胚葉，体表面の細胞層は外胚葉となった。二胚葉からなる現生の動物には，クラゲなどの刺胞動物がいる。さらに，陥入した構造が管状になり，中空の体を貫いて反対側に開口すると，両方の開口部はそれぞれ口と肛門になり，口から食物を取り込み，管は消化管となって，効率よく栄養分を吸収して排泄することが可能になった。次に，外胚葉から細胞を表皮と消化管の間に移動させることで，中空を埋める中胚葉を獲得した。中胚葉は，袋状の体を内側から支えるため，体を大きくすることが可能になった。中胚葉から筋肉や骨を獲得すると運動能力が高まり，血球や循環器系を獲得すると，酸素や栄養分を体の隅々まで運び，二酸化炭素などの老廃物を効率よく排出することが可能になり，さらに体を大きくすることに成功した。三胚葉を獲得した動物は多様化し，現生の動物の大部分を構成している。

11.3.2　カエルの初期発生

　カエルの三胚葉形成も，基本的にはウニと同じである。胞胚期の動物半球の細胞層は，将来，外胚葉になる領域であり，植物極付近の細胞は内胚葉になる（図11·4①）。赤道付近の帯状の領域を**帯域** marginal zone といい，帯域の細胞から中胚葉が形成される。陥入は，背側の帯域の植物極側で開始される。背側の帯域の細胞は原口に向かって移動しつつ，原口で陥入すると，反転して動物半球の外胚葉を裏打ちするように動物極方向に伸展する。陥入を開始した帯域は唇のように見えるため，この領域を**原口背唇部**[*] dorsal lip という。胚の内部に陥入した背側表層部の帯域は，動物極に向かって広がり，さらに動物極を通り越して原口の位置の対極まで伸展する。一方，腹側外胚葉は植物極に向かって伸展し続け，植物極を通り越して背側まで内胚葉を覆う。最初は線状だった原口は半月状に広がり，外胚葉が内胚葉を取り囲むように原口の輪がつながる。原口に囲まれた内胚葉を**卵黄栓** yolk plug といい，やがて卵黄栓は原口の中に取り込まれ，原口が肛門になる。内胚葉の一部の細胞は原腸を覆うように伸展して，原腸の上皮になる。この一連の過程で，胚の表面は外胚葉で覆われ，中胚葉は内胚葉と外胚葉の間に位置するようになる。背側外胚葉は肥厚し，将来神経系になる神経板が形成される（図11·4②）。やがて神経板の左右の端が盛り上がり，左右が連結して神経管となる。他の外胚葉は表皮となり，神経管は表皮の内側に位置するようになる。中胚葉は脊索，体節，腎節，側板を形成する（図11·5）。

---

[*] 原口背唇部は，二次胚を誘導（☞ p96）する能力をもつ。

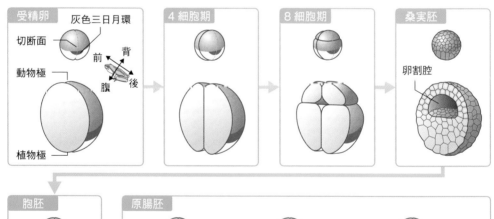

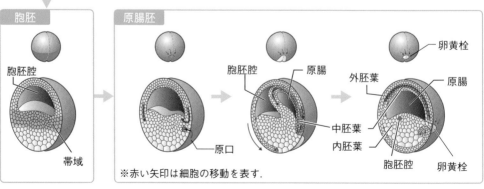

図11·4①　アフリカツメガエルの発生(受精卵から原腸胚まで)

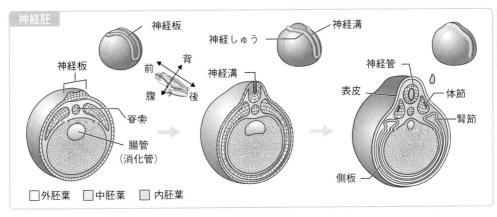

図 11・4 ②　アフリカツメガエルの発生（神経胚）

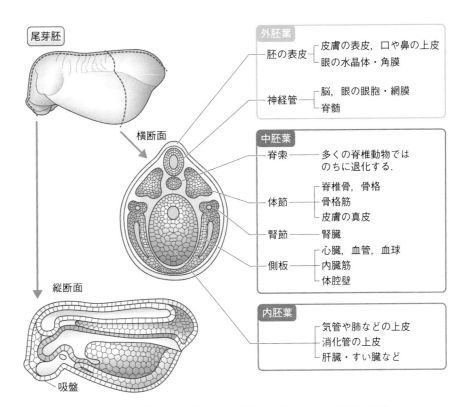

図 11・5　外胚葉・中胚葉・内胚葉から形成される細胞と組織

参考 11.5　神経誘導の詳しい過程

　原口を通って最初に陥入する細胞は，前方内中胚葉と原口背唇部（ニワトリとマウスでは結節）であり，続いて脊索前板と脊索になる中胚葉の順番で陥入し，反転して外胚葉を裏打ちするように動物極方向に移動する。その結果，これらの中胚葉は前方内中胚葉と原口背唇部を先頭に前後軸に沿って配置される。前方内中胚葉と原口背唇部は，裏打ちする外胚葉にはたらきかけて前脳を誘導し，脊索前板は脳と体幹部の脊髄，脊索は体幹部の脊髄を誘導する。脳の誘導には神経誘導因子のノギンとコーディンがかかわる。外胚葉から神経組織が誘導（☞ p96）される現象を**神経誘導**という。
neural induction

11.3.3 哺乳類の初期発生

卵巣から排卵された卵が，輸卵管の上部まで来ると受精する。ウニやカエルの卵割の周期は約30分であるが，哺乳類の卵割は，ゆっくり起こる。マウスやヒトでは，最初の卵割は受精の24時間後に起き，約12時間の間隔で卵割が進む。8細胞期の中期までは細胞は緩く接しているが，8細胞期の後期になると細胞同士が緊密に接着する。これを**コンパクション**という。32細胞期になるまでに胚の内部に胞胚腔が形成される。胚は卵割しながら輸卵管を下降し，128細胞期の胚盤胞とよばれる頃までに子宮に到達する。ヒトでは，7日で胚が子宮に着床して，胎盤が形成される（図11·6）。

胚盤胞は胚の内部にある**内部細胞塊**と，内部細胞塊と胞胚腔を取り囲む**栄養外胚葉**からなる。内部細胞塊は胚として発生を続け，やがて成体を形成する。栄養外胚葉は胎盤など，胚以外の組織になる。

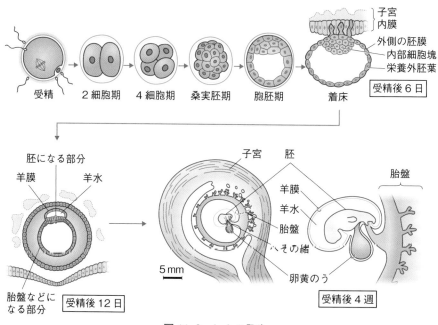

図11·6　ヒトの発生

11.4　細胞分化のしくみ

受精卵が細胞分裂をしてできた体細胞は，同じ遺伝情報をもつが，特定の遺伝子を発現させることにより細胞が分化することを学んだ（☞ p68）。1個の細胞が分裂して2個の娘細胞になるとき，異なる遺伝子を発現するようになるのには，どのようなしくみがあるのだろうか。

11.4.1　非対称細胞分裂と対称細胞分裂

卵の細胞質には栄養分のほかに，遺伝子発現調節にかかわるタンパク質や，

mRNAが蓄えられている。卵は母親がつくるものであり，卵に蓄えられたタンパク質やmRNAが，胚の遺伝子発現を調節するため，これを**母性因子**という。また，その遺伝子を**母性効果遺伝子**という。多くの動物種では，卵に蓄えられた母性因子の分布に片寄りがあり，細胞分裂によって母性因子が不均等に分配される。そのため，2つの娘細胞の間で，遺伝子発現調節が異なり，異なる発生運命をたどることになる。不均等に分かれる細胞分裂を**非対称細胞分裂**という（図11·7）。

　対称細胞分裂でも，細胞分化は起こる。同一の2つの娘細胞を取りまく環境が異なると，環境の情報が細胞内シグナル伝達系（☞ p99）を介して伝えられ，遺伝子発現が調節され，異なる遺伝子が発現する。

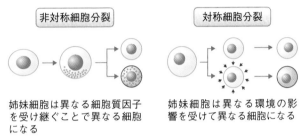

非対称細胞分裂	対称細胞分裂
姉妹細胞は異なる細胞質因子を受け継ぐことで異なる細胞になる	姉妹細胞は異なる環境の影響を受けて異なる細胞になる

図 11·7　非対称分裂と対称分裂

参考11.6　フィードバックによる非対称性

　同一の性質をもち，同一の環境にある2つの娘細胞も，代謝の速度などがきっかけとなり，わずかな違いが生じることがある。そのわずかな違いをきっかけとして，2つの細胞が明確に異なる遺伝子発現をするようになるしくみがある。

　隣り合って接している2つの細胞が，シグナル分子Aを細胞表面に提示して，互いの細胞の細胞膜にシグナル分子Aの受容体があるとする。また，シグナル分子Aを受容するとシグナル分子Aの発現が抑制され，シグナル分子Aを受容した細胞は細胞内シグナル伝達系を介して，遺伝子の発現が調節されるとする。どちらかの細胞のシグナル分子Aの発現がわずかに低下すると，反対側の細胞のシグナル分子Aの発現が高くなり，発現が低くなった細胞のシグナル分子Aの発現がさらに抑制される。このようなフィードバックにより，2つの細胞は異なる発現調節を受け，細胞が分化する（図11·8）。

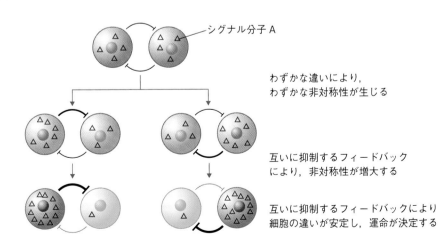

シグナル分子A

わずかな違いにより，わずかな非対称性が生じる

互いに抑制するフィードバックにより，非対称性が増大する

互いに抑制するフィードバックにより細胞の違いが安定し，運命が決定する

図 11·8　フィードバックによる非対称性の安定化

11.4.2　誘　導

　胚の領域の分化や発生の方向が，その領域に近接した領域の影響によって決定される現象を**誘導**といい，誘導能力をもつ領域を**オーガナイザー**という。カエルの**中胚葉誘導**や，オーガナイザーによる予定外胚葉の神経誘導のほか，神経管による筋肉の誘導，間充織による消化管上皮の誘導など，発生にはさまざまな誘導がかかわっている（図 11・9）。

　複雑な器官は，複数の領域が互いに誘導することで形成される。たとえば，眼は神経管と表皮の相互の誘導の連鎖により形成される（図 11・11）。

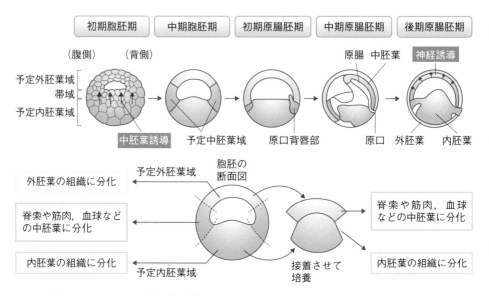

図 11・9　カエルの中胚葉誘導
胞胚期の内胚葉の細胞からノーダルとよばれるシグナルタンパク質が放出され，拡散したノーダルは帯域にはたらきかけて中胚葉を誘導する。

コラム 11.4　原口背唇部による二次胚の誘導

　原口背唇部を切り出し，別の初期原腸胚の腹側予定表皮域に移植すると，移植された部分は陥入を開始し，腹側にもう 1 つの胚が形成される。宿主に新たに形成された胚を二次胚といい（図 11・10），神経管，体節の一部，腸管は宿主由来の細胞からなる。これらの組織や器官は，本来は形成されない領域に形成されており，移植した原腸背唇部に誘導された結果，生じている。この実験を行ったシュペーマンに因んで，原腸背唇部をシュペーマンオーガナイザーとよぶ。シュペーマンは，発生学に大きく貢献したことにより，1935 年にノーベル生理学・医学賞を受賞している。

図 11・10　原口背唇部の移植による二次胚の誘導

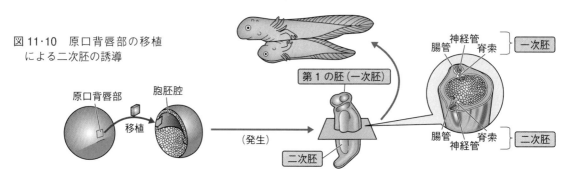

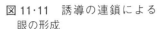
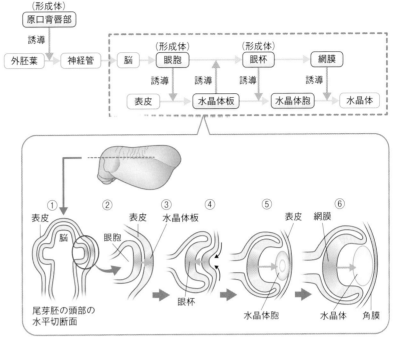

図 11·11　誘導の連鎖による眼の形成

①神経管の前部が広がり，脳となる。

②脳の左右が膨らみ，眼胞となる。

③眼胞は表皮を誘導し，表皮から水晶体板が形成される。

④水晶体板が眼胞を誘導し，眼胞から眼杯が形成される。

⑤眼杯が水晶体板を誘導し，水晶体板から水晶体胞が形成される。

⑥網膜が水晶体胞を誘導し，水晶体胞から水晶体が形成される。

11.4.3　モルフォゲンの勾配

　動物の体は発生の過程で，前後軸，背腹軸に沿って一定のパターンがつくられる。動物のパターン形成において，細胞群に位置情報をもたらす物質の総称を**モルフォゲン**という（図 11·12）。細胞はモルフォゲンの濃度に応じて遺伝子を選択的に発現させる。モルフォゲンの濃度勾配が形成されるしくみは２つある。第１はモルフォゲンの局所的な生産と拡散である。第２は，局所的なモルフォゲン抑制因子の生産と拡散である。均一に分布したモルフォゲンが，抑制因子の濃度勾配に調節される場合が相当する。細胞外に分泌されるモルフォゲンは，細胞間を拡散し，細胞膜の受容体に結合する。受容体が受け取ったモルフォゲンの濃度の情報は，細胞内シグナル伝達系を介して核に伝えられる。ショウジョウバエの初期胚のような多核体では，細胞内の特定の場所で合成されたモルフォゲンが細胞質を拡散し，核に直接作用する例もある。

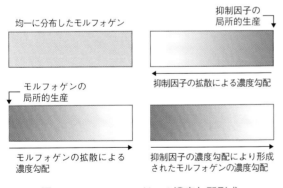

図 11·12　モルフォゲンの濃度勾配形成

コラム 11.5　モルフォゲンが位置情報をもたらすしくみ

　モルフォゲンが標的とする受容体，または遺伝子の転写調節領域との結合は弱い。モルフォゲンと標的は，常に結合と解離を繰り返している。モルフォゲンが高濃度で存在すれば，標的に結合する時間が長くなり，低濃度では結合する時間が短くなる。受容体が細胞内に伝達する情報の量（強さ）は，モルフォゲンが受容体に結合している時間に依存する。遺伝子の転写調節領域に結合するモルフォゲンも同じ原理である（☞ p 99）。

参考 11.7　カエルの体軸とモルフォゲン

　カエルの背腹軸は精子の進入点で決まる。精子は卵の動物半球に進入する。精子が卵に進入すると，卵の表層が，内部の細胞質に対して約 30 度回転する。これを**表層回転**とよぶ。表層の回転は，精子の進入点から植物極の方向に起き，反対側は動物極方向に回転することになる。植物極付近の卵の表層には，ディシェベルドとよばれるタンパク質があり，表層が回転すると，ディシェベルドが植物極から帯域に移動する（図 11·13）。表層のディシェベルドは細胞質にはたらきかけ，β カテニンとよばれる転写因子の分解を抑制する。β カテニンは常に分解を受けており，細胞質の β カテニンの濃度は低く保たれている。ディシェベルドが移動した部分では，β カテニンの分解が抑制されるため，β カテニンの濃度が高くなり，高濃度に存在すると核に入って，背側の構造をつくる遺伝子を発現させる。その結果，精子が進入した点の反対側が背側となり，その反対側が腹側になる。

　背腹軸に沿った位置情報はモルフォゲンの濃度勾配がもたらす。胞胚期の帯域の細胞は，腹側化因子の BMP とよばれるシグナルタンパク質を分泌しており，BMP は帯域にほぼ均等に分布している。原腸陥入が開始されると，帯域の背側の細胞は原口背唇部となり，原口背唇部の細胞は BMP に結合して不活性化するノギンとコーディンとよばれるタンパク質を分泌し，拡散する。その結果，活性をもつ BMP は腹側から背側にかけて濃度勾配を形成し，BMP の濃度に応じて遺伝子の発現が調節され，背腹のパターンが形成される。

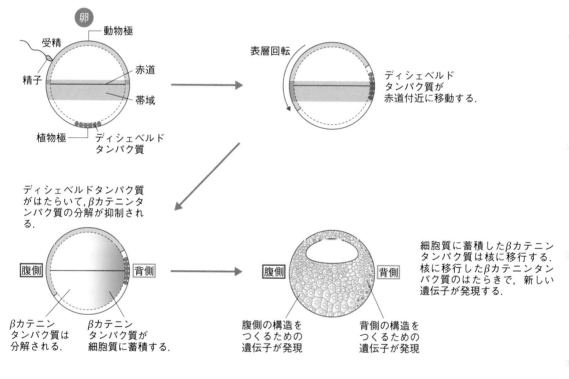

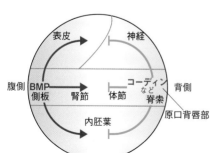

図 11·13　背腹軸をもたらすコーディンによる BMP の拮抗

参考11.8　ショウジョウバエの体軸とモルフォゲン
　ショウジョウバエの前後軸は未受精卵の時期にすでに決まっている。ショウジョウバエの初期発生では，核分裂はするが細胞分裂せず，1個の細胞の中に多数の核が存在する。そのため，転写因子がモルフォゲンとなりうる。ショウジョウバエの未受精卵の細胞質の前端には，転写因子のビコイドのmRNAが蓄積されている（図11·14）。受精すると，翻訳が開始され，合成されたビコイドは細胞質を拡散などにより移動する。その結果，前後軸に沿ったビコイドの濃度勾配が形成される。ビコイドを取り込んだ核では，ビコイドの濃度に応じて遺伝子の発現が調節される。核の数が約6000個になると，核は細胞膜で囲まれ，独立した細胞になり，ビコイドの濃度情報に応じて細胞が分化し，前後軸に沿ったパターンが形成される。

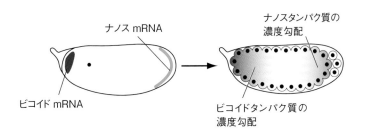

図11·14　ショウジョウバエの
体軸とモルフォゲン

11.4.4　細胞内シグナル伝達系

　モルフォゲンなどのシグナル分子による細胞間相互作用には，シグナルの標的となる細胞の細胞膜受容体と，細胞内のシグナル伝達系がかかわる。細胞膜受容体には，細胞外ドメインと細胞内ドメインがあり，細胞膜を貫通している。シグナル分子が細胞外ドメインに結合すると，細胞内ドメインの立体構造が変わり，キナーゼ活性をもつようになる。**キナーゼ**とは，特定のタンパク質をリン酸化する酵素の総称である。キナーゼはシグナルが来なければ不活性な状態にある。

　細胞内にキナーゼA，B，Cがあるとする（図11·15）。細胞膜受容体のキナーゼが，細胞内のキナーゼAをリン酸化すると，キナーゼAの立体構造が変化して活性型になる。このキナーゼAが，キナーゼBをリン酸化して活性化し，キナーゼBがキナーゼCをリン酸化する。活性型になったキナーゼCは，立体構造が変化して核に入れるようになり，核の中の特定の転写因子をリン酸化して立体構造を変える。リン酸化された転写因子は，特定の遺伝子のシスエレメントに結合できるようになり，転写を調節する。このような連鎖反応が起こることにより，細胞の機能が調節され，分化していく。

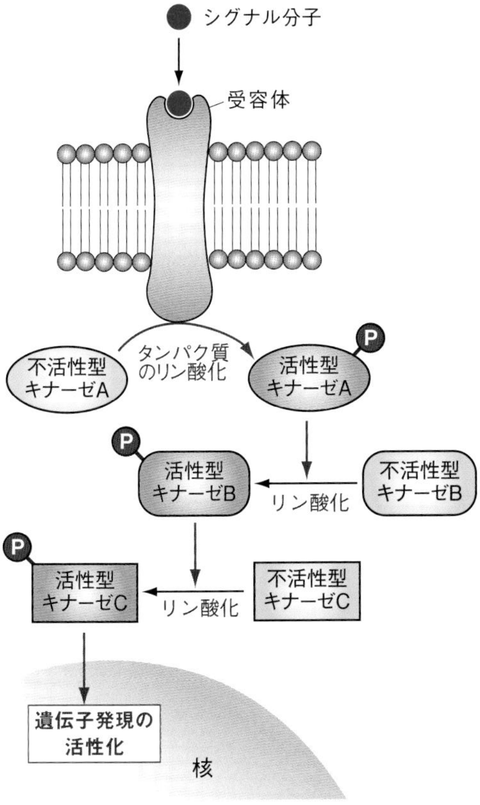

図11·15　細胞内シグナル伝達系による
遺伝子発現調節

参考 11.9 シグナルの増幅と統合

　一連のシグナル伝達経路を**カスケード**という。カスケードの多くには酵素がかかわっており，キナーゼもその1つである。酵素は多くの基質を触媒反応させることができるため，情報が増幅する。カスケードに介在する酵素の種類が多ければ，それだけ情報が増幅する。受容体が受け取ったシグナル分子のわずかな情報が，増幅され，遺伝子発現や代謝，細胞骨格などを調節するに十分量のシグナルとなる。チャネルなどの受容体が電波を拾うアンテナ，細胞内シグナル伝達系の酵素がアンプ，細胞応答がスピーカーや液晶画面とたとえることができる。実際には，シグナル分子と標的遺伝子の転写調節は一直線ではなく，いくつかのキナーゼは複数のカスケードに共通しているため，交差してネットワークを形成している。シグナル分子や受容体も何種類もあり，その標的遺伝子も多数ある。多くの種類のシグナル分子の濃度の情報が，細胞内シグナル伝達経路で交差することで，情報が統合され，情報に適切に対応する細胞応答の調節が行われている。

11.5　Hox クラスター

　転写因子の遺伝子のうち，突然変異があると体の一部の器官が別の器官に転換する遺伝子がある。たとえば，ショウジョウバエでは，触角が肢に置き換わる遺伝子が知られている（☞ p158）。このように体のある部分の特徴が別の部分の特徴に転換することを**ホメオティック突然変異**といい，その原因となる遺伝子を**ホメオティック遺伝子**という。動物の発生ではたらく多くのホメオティック遺伝子には，**ホメオボックス**と名づけられた 180 塩基対のよく似た塩基配列があり，ホメオボックスをもつホメオティック遺伝子を特に **Hox（ホックス）遺伝子**と

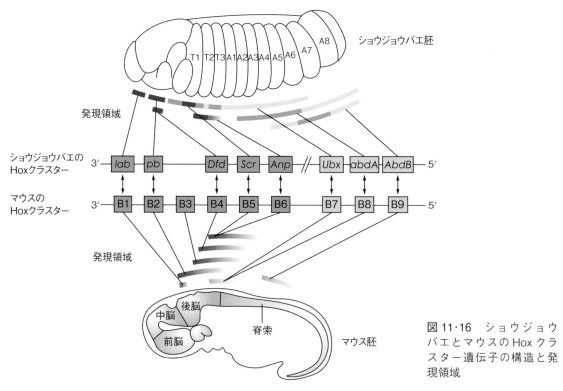

図 11・16　ショウジョウバエとマウスの Hox クラスター遺伝子の構造と発現領域

いう。ホメオボックスは**ホメオドメイン**とよばれる DNA 結合ドメインをコードしている。染色体上に並んで存在する Hox 遺伝子を **Hox クラスター**といい（図11·16），並び順はさまざまな動物種間で保存されている。Hox クラスターの遺伝子は，体の前後軸に沿って異なる領域で発現しており，遺伝子ごとに異なる特有の形態を形成させるはたらきがある。なお，染色体上の Hox クラスターの遺伝子の並び順は，前後軸に沿った発現領域の並び順と同じであり，これをコリニアリティーという。

11.6　植物のホメオティック遺伝子

　同じ種の花でも一重咲と八重咲がある。これにはホメオティック遺伝子がかかわっている。アブラナやサクラなどの被子植物の花は，上から見ると，めしべを中心に同心円状に，おしべ，花弁，がくの順に配置されている。これらの組織の形成は，転写因子をコードする A, B, C の 3 つの遺伝子によって調節されている（図11·17）。

　野生型では，A 遺伝子は同心円の最も外側の領域で発現し，C 遺伝子はその内側で発現する。B 遺伝子は，A 遺伝子と C 遺伝子の発現領域の境界をまたぐように発現する。A 遺伝子が単独で発現すると，がくが形成される。A 遺伝子と B 遺伝子がともに発現すると花弁，B 遺伝子と C 遺伝子がともに発現するとおしべ，C 遺伝子が単独で発現すると，めしべが形成される。A 遺伝子と C 遺伝子は，互いに発現を抑制する。八重の花は，C 遺伝子が発現しないと生じる。C 遺伝子が欠損すると，めしべとおしべがなくなり，花弁とがくだけの花になる。A 遺伝子が欠損すると，めしべとおしべだけになり，B 遺伝子が欠損すると，がくとめしべだけになる。このしくみの考え方を **ABC モデル**という。植物のホメオティック遺伝子はホメオボックスをもたない。

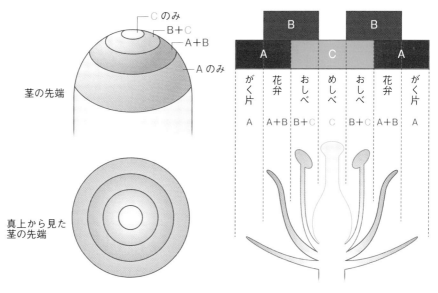

図 11·17　シロイヌナズナの ABC 遺伝子と花の形成

11.7　発生工学と再生医療

　発生を始めてしばらくすると胚の細胞は全能性を失うが，全能性を失っても，ある細胞はさまざまな細胞に分化する能力を保持している。この能力を**多能性**といい，多能性をもつ細胞を利用した再生医療が行われている。また，多能性の維持にかかわる遺伝子を発現させて，体細胞から多能性をもつ細胞を得る技術が開発されている。

11.7.1　幹 細 胞

　細胞が分化して形成された組織の中にも，多能性を維持したまま自己複製できる細胞がある。この細胞を**幹細胞**という。組織の中にあって，その組織の細胞に分化する能力をもつ幹細胞を**体性（組織）幹細胞**という。体性幹細胞は，組織が損傷した場合の再生や，細胞の新旧交代が盛んな皮膚や小腸上皮の細胞を供給するはたらきがある（図11・18）。

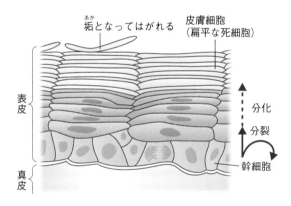

図 11・18　皮膚の上皮細胞を供給する幹細胞

11.7.2　クローン個体

　哺乳類では，一卵性双生児が生まれることがある。一卵性双生児は同じ遺伝情報をもつクローン個体である。一卵性双生児は，卵割の初期段階に胚が分割することにより生じる。これは，哺乳類の卵割の初期段階では，細胞が全能性を維持していることを示している。この性質を利用して胚を分割し，代理母の子宮に着床させることで，優良な形質をもつ肉用牛の生産性を高めることも行われている。成功率は低いが，体細胞の核を卵に移植することにより，クローン動物を作製することができる。

　分化した細胞は，全能性，多能性を失っているが，核を卵に移植することで，全能性が回復する。このことは，分化した細胞の核でも，受精卵と同じ情報が維持されていることを意味している。体細胞の核を用いて得られたクローン個体を，**体細胞クローン**という。

　アフリカツメガエルのオタマジャクシの腸の核を，紫外線照射により核を不活性化させた未受精卵に移植して，受精させると，成功率は低いが，発生が正常に進行するものもいる。この実験を 1975 年に行ったガードンは，iPS 細胞を作製した山中伸弥とともに，2012 年にノーベル生理学・医学賞を受賞した。哺乳類でもヒツジ，ウマ，マウスなど，多くの動物で成功している。医療では，体全体をつくるのではなく，体細胞クローンから作製された幹細胞を使って組織をつくり，その組織を移植する研究がなされている。

11.7.3　ES 細胞

　哺乳類の胚盤胞の内部細胞塊から樹立された多能性をもつ培養細胞株を **ES 細胞**（embryonic stem cell）という。ES 細胞を，さまざまな細胞に分化させ，組織を形成させることが可能である。ES 細胞を用いた再生医療への期待があるが，ヒトの胚を用いることによる倫理的な問題がある。

11.7.4　iPS 細胞

　分化した細胞でも，特定の遺伝子を導入すると多能性をもたせることができる。ES 細胞の多能性維持に重要と考えられる遺伝子を絞り込み，その中の遺伝子のうち *Oct3/4*，*Sox2*，*Klf4*，*c-Myc* を分化した細胞に遺伝子導入すると，多能性と自己複製能の両方をもつ細胞が得られた。分化した細胞に遺伝子導入することにより得られた多能性と自己複製能の両方をもつ細胞は，**iPS 細胞**（induced pluripotent stem cells）と名づけられ，発見者の山中伸弥に因んで，これらの遺伝子は山中因子とよばれる。iPS 細胞からさまざまな種類の細胞や組織がつくられており，それらを移植する再生医療の研究が進んでいるが，腫瘍化するリスクもあり，健康保険適用の対象にはなっていない。一方，患者の細胞から iPS 細胞をつくることで，患者に適した薬剤をスクリーニングすることが可能になり，遺伝病の克服につながると期待されている。

参考 11.11　多能性と *Oct3/4*
　哺乳類の初期卵割期の胚や，胚盤胞の内部細胞塊は全能性をもつが，胚盤胞の栄養外胚葉は胎盤になり，胚にはならない。この時期の *Oct3/4* の発現を見ると，初期卵割期の胚と内部細胞塊では発現しているが，栄養外胚葉では発現が終わっている。これは，*Oct3/4* が多能性に重要なはたらきをしている 1 つの証拠である。

11.7.5　体性幹細胞

　体性幹細胞は広く体内に存在しており，さまざまな組織のもとになっている。以前は，体性幹細胞はその組織の細胞にしか分化できないと考えられていたが，現在では，脂肪組織に豊富に存在する**間葉系幹細胞**を，骨や軟骨，肝細胞，神経
mesenchymal stem cell
細胞など，さまざまな種類の細胞にも分化させる技術が開発されている。体性幹細胞は実際の再生医療に用いられ，健康保険も適用されている。

12章 恒常性

寒中水泳をしても，炎天下で運動をしても，ヒトの体温はほぼ一定である。甘いジュースを飲んでも，血液中の糖の濃度はほぼ変わらない。外部の環境が変化しても，体内の環境が一定であるからこそ，細胞や器官が正常にはたらく。恒常性の維持には，自律神経系と内分泌系がかかわる。病原体などの異物の侵入には，
autonomic nervous system endocrine system
免疫系がはたらき，異物を排除する。遺伝子は常に突然変異の危険性にさらされ
immunity system
ているが，DNA 修復機構により遺伝情報は守られている。体の内部の状態を一定に保とうとする性質を恒常性という。恒常性は，個人（個体）の意思とは関係
homeostasis
なく，組織や器官の自律的な相互作用によって成り立っている。本章では，恒常性にかかわるさまざまなしくみの基本概念を学ぶ。

12.1 体液とその成分

動物の細胞は体液とよばれる液体に囲まれている。脊椎動物の体液は，外部環境が変化しても，塩類濃度，pH，温度，血糖の濃度，酸素濃度などが，ほぼ一定に保たれている。脊椎動物の体液は，血管の中を流れる**血液**，リンパ管の中を流
blood
れる**リンパ液**，細胞の周りを満たしている**組織液**がある。血液は，**血球**と液体成
lymph   tissue fluid
分の**血しょう**からなる（図 12·1）。血球には，**赤血球**，**白血球**，**血小板**がある。血
blood plasma   erythrocyte leukocyte platelet
球は**骨髄**の造血幹細胞でつくられる。
bone marrow

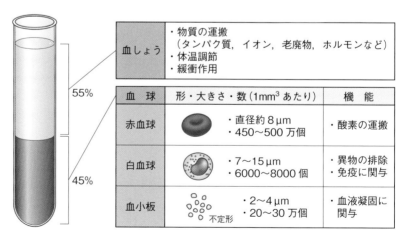

血しょう	・物質の運搬（タンパク質，イオン，老廃物，ホルモンなど）・体温調節・緩衝作用	

血 球	形・大きさ・数（1mm³ あたり）	機 能
赤血球	・直径約 8 μm ・450〜500 万個	・酸素の運搬
白血球	・7〜15 μm ・6000〜8000 個	・異物の排除 ・免疫に関与
血小板	不定形 ・2〜4 μm ・20〜30 万個	・血液凝固に関与

図 12·1　血液の成分とはたらき

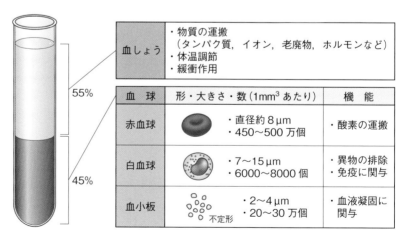 のうち、55%／45% の値が試験管左側に記載。

参考 12.1　ヒトの血液

　ヒトの血液は体重の約13分の1を占める。哺乳類の赤血球と，血小板には核がない。ヒトの赤血球の寿命は約120日，ヒトの血小板の寿命は約10日であり，老化した赤血球と血小板の大部分は，ひ臓で壊される。

12.1.1　血液のはたらき

　血液は，血管を通って体中を循環しており，栄養素や酸素，二酸化炭素や尿素などの老廃物は血液によって運搬される。赤血球には酸素を結合するヘモグロビンがあり，酸素を呼吸器官から組織に運搬する。白血球は病原体などの異物を排除する免疫にかかわる。血小板は血液凝固による止血にかかわる。血しょうは，グルコース，アミノ酸，脂質などの栄養素を組織に運び，排出された二酸化炭素や尿素などの老廃物を腎臓などの排出器官に運ぶはたらきと，血液の pH の変化を抑える緩衝作用がある。

12.1.2　血液の循環

　心臓から送り出された血液は，**動脈**を通って組織の**毛細血管**に達する。毛細血管の壁は，細かい隙間が開いており，血しょうが浸み出す（図12・2）。血しょうは組織液となって，細胞に酸素や栄養素を送り届ける。また，組織液は細胞で生

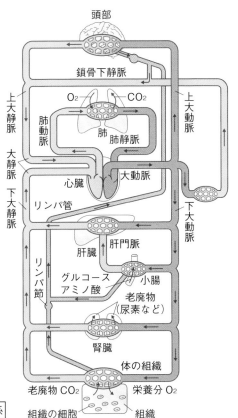

ヒトの循環系

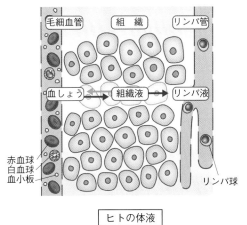

ヒトの体液

図 12・2　血液の循環

じた二酸化炭素などの老廃物を取り込んで毛細血管に戻り，静脈を通って心臓に戻る。血球は毛細血管の隙間から外に出ることはなく，血管の中を通って再び心臓に戻る。血流は，心臓の弁のはたらきによって，一方向に流れる。哺乳類では，肺静脈を通って来る血液は，心臓の左心房と左心室を通って全身の組織に送られ，再び心臓に戻る。これを**体循環**という。組織から大静脈を通って戻ってきた血液は，右心房と右心室を通って肺に送られ，再び心臓に戻る。これを**肺循環**という。
systemic circulation
pulmonary circulation
心臓の拍動のリズムは哺乳類では，右心房にある**ペースメーカー**とよばれる特殊な心筋がつくりだしている。
pacemaker

　毛細血管から浸み出た組織液の一部は**リンパ管**に入って**リンパ液**となる。リンパ液には免疫にかかわるリンパ球が含まれており（☞ p 116），リンパ液の細胞の
lymph duct　　　　　lymph
ほぼ100%をリンパ球が占める。リンパ管の途中にはリンパ節があり，リンパ球が集まっている。リンパ節で異物が認識され，免疫が発動する。

参考 12.2　ヘモグロビンの酸素結合特性

　ヘモグロビンは，酸素濃度が高く二酸化炭素濃度が低いと酸素を結合し，酸素濃度が低く二酸化炭素濃度が高いと酸素を放出する特性がある。したがって，酸素濃度が高く二酸化炭素濃度が低い肺では酸素を結合し，酸素濃度が低く二酸化炭素濃度が高い組織で酸素を放出する（図 12·3）。

　ヘモグロビンの色は暗赤色であるが，酸素を結合したヘモグロビンは酸素ヘモグロビンとなり，鮮紅色になる。そのため，肺を通過して心臓から送り出される動脈の血液は鮮紅色であり，肺以外の組織から戻る静脈の血液は暗赤色となる。ヘモグロビンは赤血球のタンパク質の約90%を占める。

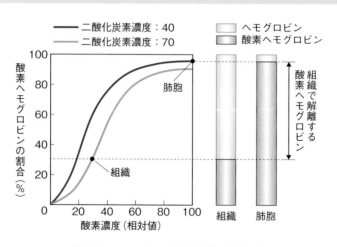

図 12·3　ヘモグロビンの酸素結合特性

12.1.3　血液凝固

　皮膚が傷を受けると，小さな傷ならば血が固まってかさぶたをつくり，出血が止まる。血液が固まることを**血液凝固**という。血液凝固は，血しょう中のフィブ
blood coagulation
リノーゲンとよばれるタンパク質がフィブリンに変わり，フィブリンが血球をからめて固まることにより起こる。血液を試験管の中に入れて静置すると，血液が凝固して沈殿する。沈殿を**血ぺい**といい，上澄みを**血清**という。
blood clot　　　　　　　　　　　blood serum

参考 12.3 血液凝固のしくみと血友病

　傷ができると，傷口に血小板が集まり，傷口を覆う。血小板からは血液凝固因子が放出され，血しょう中のプロトロンビンとよばれるタンパク質に作用して，トロンビンに変える（図12・4）。トロンビンはフィブリノーゲンをフィブリンに変える酵素活性をもつ。フィブリンは互いに結合してフィブリン繊維となり，赤血球や白血球をからめて血ぺいを生じる。プロトロンビンがトロンビンに変わるには Ca^{2+} が必要であり，クエン酸ナトリウムなど，Ca^{2+} と結合する物質を血液に加えると凝固しなくなる。血液凝固因子は何種類もあり，それぞれ血液凝固経路のさまざまな箇所ではたらく。遺伝性血液凝固異常症の血友病は，血液凝固因子の VIII 因子，IX 因子の欠損または活性低下が原因である。VIII 因子，IX 因子の遺伝子は X 染色体上にあり，劣性の伴性遺伝のため，血友病患者のほとんどが男性である。

コラム 12.1　速やかに止血するしくみ

　傷口の血液を速やかに固めるしくみには，トロンビンとよばれる酵素がはたらいている。酵素は多数の基質分子に作用することができるため，トロンビンは多くのフィブリノーゲンに作用することができる。その結果，急速に多量のフィブリンがつくられ血液が固まる。「傷」という情報を，酵素の作用で増幅し，急速な血液凝固というアウトプットをもたらしている。生物は，さまざまな場面で，情報の伝達と増幅に酵素を使っている（☞ p99，11.4.4 項）。

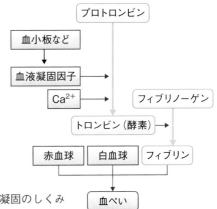

図 12・4　血液凝固のしくみ

12.2　肝臓のはたらきと体液の恒常性

　肝臓は物質の合成や分解にかかわり，体液の恒常性を保つ重要な役割を担っている（図 12・5）。血液に含まれる糖を**血糖**といい，血糖はグルコースである。
blood sugar

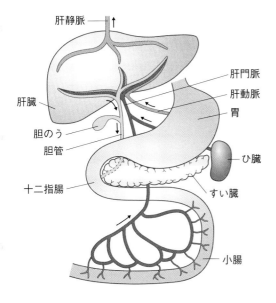

図 12・5　肝 臓

　グルコースはエネルギー源として細胞の活動に必須であるが，一定の濃度を超えると細胞に傷害を与える。そのため，血糖の濃度を一定に保つ必要がある。血糖が過剰になれば，グルコースは，**肝門脈**を通って肝
hepatic portal vein
臓に入り，肝細胞の中でグリコーゲンに変えられる。グリコーゲンはグルコースが連結した大きな分子であり，血糖が低くなればグリコーゲンが分解され，グルコースが血液に供給される。肝臓では活発に代謝が行われており，肝臓には，代謝に伴う発熱で体温を維持する役割もある。

　タンパク質や核酸などの窒素をもつ有機物が分解されると，有害なアンモニアが生じるが，アンモニアは肝臓で毒性が低い尿素に変えられる。アルコールなど他の有害な物質も，肝臓で分解され，無毒化される。これらを**解毒**作用という。
detoxication

　胆のうから十二指腸に分泌される**胆汁**は，肝細胞でつくられる。胆汁は，脂肪
を分解する酵素のはたらきを助け，脂肪の吸収を促進する。胆汁は，肝臓の解毒
作用で生じた物質や，古くなった赤血球の分解産物も含んでおり，不要な物質を
便として体外に排出する役割もある。

12.3　腎臓のはたらきと体液の恒常性

　腎臓には，老廃物の排出と，血液中の水分や塩類の濃度を調節するはたらきが
あり，体液の恒常性にかかわっている。ヒトの腎臓は一対あり，腎臓あたり約
100万個の**ネフロン**とよばれる尿を生成する構造単位がある（図12・6）。ネフロ
ンは，**腎小体**と，それに続く**尿細管**で構成されており，腎小体は**糸球体**とそれを
包む**ボーマンのう**からなる。

　血液が糸球体を通過すると，血球やタンパク質以外の成分の大部分が糸球体で
ろ過され，ボーマンのうに出る。ボーマンのうにこし出された液を**原尿**という。
原尿には栄養素や必要な塩類までこし出されているが，原尿が尿細管を通る間に，
水やグルコース，アミノ酸，無機塩類が毛細血管に再吸収される。次に，**集合管**
を通過する間に，さらに水が再吸収され，残りが尿となる。尿素などの老廃物は
再吸収されずに，尿に濃縮される。尿は，**腎う**を通ってぼうこうに送られ，排出
される。

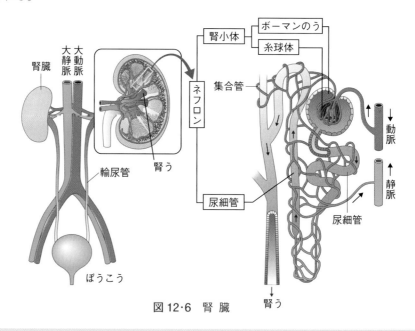

図12・6　腎　臓

参考12.4　原尿と尿の生産量
　ヒトでは，ボーマンのうにこし出される原尿は，一日に約170 L（リットル）にもなるが，
その約99％は再吸収され，尿となるのはわずか1〜2 Lである。水や無機塩類の再吸収
は内分泌系によって調節されており，体液の量と塩類濃度の恒常性が保たれている。

コラム 12.2　有毒なアンモニアの処理法

　水の中で生息する魚類は，生じたアンモニアをすぐに排出し，水に拡散させることで害を逃れている。鳥類や，爬虫類は，受精から孵化するまで硬い卵の殻の中で発生するため，老廃物を外に出すことができない。また，卵の殻の中に水が補給されることもない。鳥類や，爬虫類は，アンモニアを不溶性で無毒の尿酸に変える。鳥の糞の白い部分が尿酸である。哺乳類と両生類はアンモニアを毒性の低い尿素に変えて排出する。

コラム 12.3　原尿に有用物質まで排出するのはなぜか

　グルコースや，アミノ酸，イオンの再吸収には，尿細管の細胞膜の輸送タンパク質がかかわり，多量の ATP が使われる。ろ過したほとんどのものを再吸収する尿の生成過程は，無駄のように思える。生物は，特定の物質を認識して細胞の中に取り込むしくみを発達させてきた。しかし，不要な物質だけを排出するしくみを（今のところ）進化させることができなかったと考えられる。金などの貴金属は，金山から取り出すより，使わなくなった携帯電話やテレビなどから回収する方が効率的である。尿の生成における再吸収は，家電リサイクルにたとえられるかもしれない。水の再吸収は，尿細管の周囲の塩濃度を局所的に高め，受動的な浸透によって行われる。しかし，塩濃度を高めるには ATP を必要とするため，水の吸収にもエネルギーが使われている。

参考 12.5　魚類の塩濃度調節

　淡水魚は，体液の塩類濃度が淡水より高いため，水が体に浸入する。淡水魚は，水を飲まず，体液より低い塩類濃度の尿を大量に排出している。また，ATP のエネルギーを使ってエラから塩類を取り込み，体液の塩類濃度の恒常性を保っている。海水魚は，体液の塩類濃度が海水より低いため，体から水が出ていく。海水魚は，海水を大量に飲み込み，エラと腎臓から塩類を排出して，体液の塩類濃度の恒常性を保っている。

12.4　体内環境の維持のしくみ

　脊椎動物は，自律神経系と内分泌系を発達させることにより，器官や組織のはたらきを調節しており，体内の恒常性を保っている。自律神経系は，神経を介するため，情報を瞬間的に伝えることができる。内分泌系は，情報物質を血流にのせて伝えるため，全身に行き渡るには 20 秒程度かかる。しかし，持続的な調節が可能である。恒常性を保つしくみを理解しよう。

12.4.1　自律神経系

　脊椎動物の神経系は，脳や脊髄からなる**中枢神経系**と，中枢神経系以外の**末梢神経系**がある（図 12·7）。末梢神経系には，感覚器官からの情報を中枢に伝える**感覚神経**と，中枢からの指令を筋肉に伝える**運動神経**，恒常性にかかわる**自律神経系**がある。自律神経系は，**交感神経**と**副交感神経**からなる（図 12·8）。自律神経系によって調節されている器官の多くは，交感神経と副交感神経の両方によって調節されている。交感神経と副交感神経は，互いに反対の作用をする。自律神経の末端は，調節を受ける器

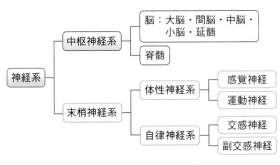

図 12·7　脊椎動物の神経系

官に接しており，自律神経の末端から**神経伝達物質**を分泌して，器官のはたらきを調節する。哺乳類の交感神経の末端からは**ノルアドレナリン**が分泌される。副交感神経の末端からは**アセチルコリン**が分泌される。ノルアドレナリンは，心臓の拍動を速め，血圧を上げ，消化管の運動や消化液の分泌を抑制する。アセチルコリンは心臓の拍動を遅くし，血圧を下げ，消化管の運動や消化液の分泌を促進する（表12・1）。

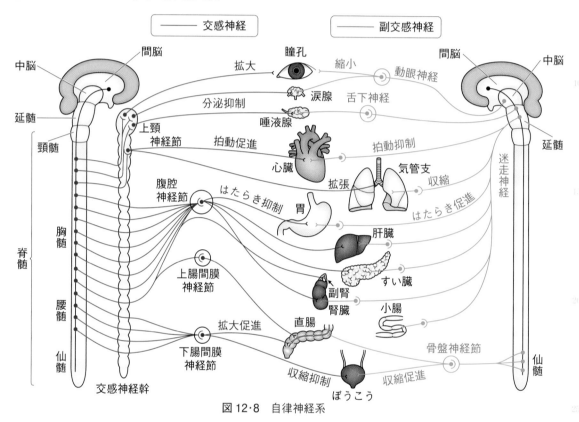

図12・8　自律神経系

表12・1　ヒトの自律神経のはたらき

器官	交感神経の興奮	副交感神経の興奮
瞳孔	拡大	縮小
心臓	拍動促進	拍動抑制
気管支	拡張	収縮
皮膚の血管	収縮	拡張
腸	運動抑制	運動促進
ぼうこう	収縮抑制	収縮促進

コラム 12.4　胃腸薬と自律神経
　瞬間下痢止め薬に含まれるロートエキスは，アセチルコリンの作用を抑えるはたらきがある。副交感神経による過剰な刺激を防ぎ，腸の動きを止めることで，下痢を抑えている。

12.4.2　内分泌系

　内分泌系では，体内の特定の部位から分泌される**ホルモン**とよばれる情報伝達物質が血液によって運ばれる。器官に到達したホルモンは，器官のはたらきを調

12
章

恒
常
性

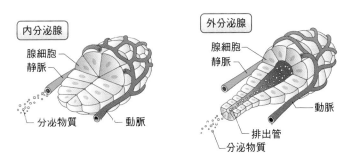

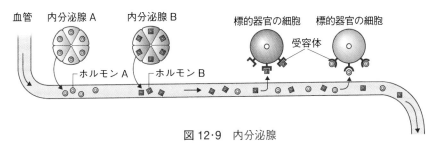

図 12·9　内分泌腺

表 12·2　ヒトのホルモン

内分泌腺		ホルモン名	標的器官とはたらき
視床下部		ホルモン放出ホルモン	下垂体前葉ホルモンの分泌促進
		ホルモン抑制ホルモン	下垂体前葉ホルモンの分泌抑制
下垂体	前葉	成長ホルモン（STH）	全身の成長，タンパク質合成促進，血糖濃度の上昇
		甲状腺刺激ホルモン（TSH）	甲状腺ホルモンの分泌促進
		副腎皮質刺激ホルモン（ACTH）	副腎皮質ホルモンの分泌促進
		ろ胞刺激ホルモン（FSH）	ろ胞の成熟（女性），精子形成の促進（男性）
		黄体形成ホルモン（LH）	卵の成熟，黄体形成
		プロラクチン	乳汁生産
	後葉	バソプレシン（ADH）	腎臓での水の再吸収
		オキシトシン	妊娠時の子宮の収縮，乳汁分泌
甲状腺		チロキシン	代謝促進
副甲状腺		パラトルモン（PTH）	血中の Ca^{2+} 濃度の上昇
副腎	皮質	鉱質コルチコイド	血中の Na^+，K^+ 濃度の調節
		グルココルチコイド	血糖濃度の上昇，消炎
	髄質	アドレナリン	血糖濃度，血圧の上昇
すい臓		インスリン	血糖濃度の低下
		グルカゴン	血糖濃度の上昇
卵巣		エストロゲン（発情ホルモン）	性徴の発現（女性）
		プロゲステロン（黄体ホルモン）	子宮での妊娠維持
精巣		テストステロン	性徴の発現（男性）

節する。分泌腺には，分泌物を体外に放出する**外分泌腺**と，血管内に放出する**内分泌腺**がある（図 12·9）。ホルモンは内分泌腺から分泌される。ホルモンは特定の器官のはたらきを調節する（表 12·2）。ホルモンの調節を受ける器官を**標的器官**という。標的器官には，特定のホルモンが結合する**受容体**がある。受容体はタンパク質であり，ホルモンの種類ごとに，対応する受容体がある。ホルモンが受容体に結合すると，受容体を介して細胞内シグナル伝達系（☞ p 99）がはたらき，細胞の活動が調節される。ホルモンは多くの種類があるが，器官は特定の受容体をもつため，特定のホルモンに応答する。受容体をもたない器官は，ホルモンがやってきても応答することはない。

12.4.3　体温調節

　寒さを感じると，その情報を受けた視床下部の体温調節中枢が，交感神経を介して体のさまざまな部位に指令を発する。皮膚では，毛細血管を収縮させて体温の放散を防ぎ，筋肉をふるわせて ATP の消費に伴う熱を発生させる。また，視床下部からホルモン放出ホルモンが分泌され，これを受け取った下垂体前葉がホルモンを分泌し，副腎髄質と，副腎皮質，甲状腺のホルモンの分泌を促進させる（図 12·10）。副腎髄質からはアドレナリンが分泌され，副腎皮質からはグルココルチコイド，甲状腺からはチロキシンが分泌される。アドレナリンは皮膚の血管を収縮させる。また，アドレナリン，グルココルチコイド，チロキシンは肝臓や筋肉の代謝を活発にして，発熱を促す。

　温度が高いと感じた場合は，体温調節中枢が副交感神経系を介して発汗を促し，水分が蒸散し熱が奪われる。また，交感神経からの刺激が来なくなるため，皮膚の毛細血管が拡張し，放熱が促進され体温が下がる。このように，自律神経とホルモンが協同して体温を調節している（図 12·11）。

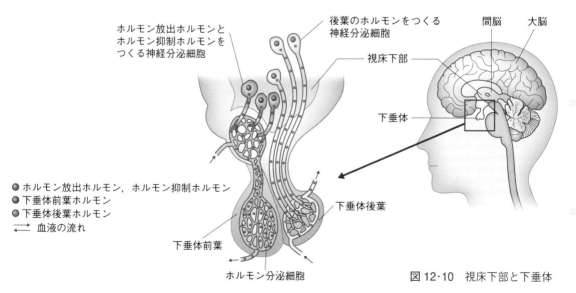

図 12·10　視床下部と下垂体

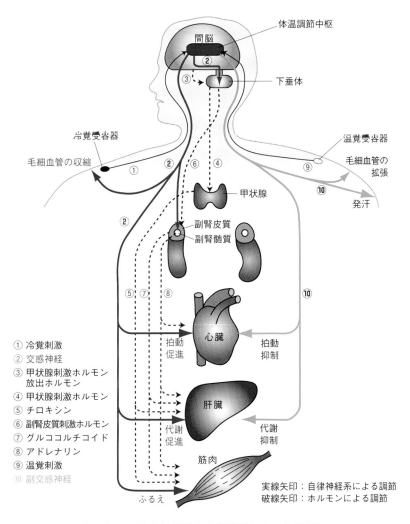

図 12·11　自律神経系と内分泌系による体温調節

① 冷覚刺激
② 交感神経
③ 甲状腺刺激ホルモン
　放出ホルモン
④ 甲状腺刺激ホルモン
⑤ チロキシン
⑥ 副腎皮質刺激ホルモン
⑦ グルココルチコイド
⑧ アドレナリン
⑨ 温覚刺激
⑩ 副交感神経

実線矢印：自律神経系による調節
破線矢印：ホルモンによる調節

参考 12.6　ホルモンの分泌の調節

　間脳とよばれる脳の領域には，視床と**視床下部**があり，視床下部と，それにつながる内分泌器官の**下垂体**は，さまざまな内分泌器官から放出されるホルモンの分泌量の調節をしている。下垂体には**前葉**と**後葉**がある。視床下部の神経細胞からは，下垂体前葉のホルモンの分泌を促進する**ホルモン放出ホルモン**と，分泌を抑制する**ホルモン抑制ホルモン**が分泌される。ホルモンを分泌する神経細胞を**神経分泌細胞**とよぶ。視床下部と下垂体前葉は毛細血管でつながっており，視床下部の神経分泌細胞から放出されたホルモンは，毛細血管内に放出され，血流によって下垂体前葉に運ばれる。下垂体前葉の細胞には，ホルモン放出ホルモンの受容体とホルモン抑制ホルモンの受容体があり，視床下部からのホルモンの影響を受けて，下垂体前葉のさまざまなホルモンの分泌量が調節される。

　下垂体前葉から分泌されるホルモンには，成長ホルモン，甲状腺刺激ホルモン，副腎皮質刺激ホルモンがある。甲状腺刺激ホルモンは，甲状腺を刺激して**チロキシン**とよばれるホルモンの分泌を促進する。副腎皮質刺激ホルモンは，副腎皮質を刺激してグルココルチコイドと鉱質コルチコイドとよばれるホルモンの分泌を促進する。

　下垂体後葉のホルモンは，視床下部でつくられる。視床下部の神経分泌細胞の細胞体でつくられたホルモンは，軸索（☞ p130）を通って下垂体後葉に入り，軸索の先端から毛細血管に放出され，血流にのって全身を巡る。下垂体後葉で放出されるホルモンは**バソプレシン**（抗利尿ホルモン）である。

12.4.4　血糖濃度の調節

　血糖濃度は，視床下部の血糖調節中枢が感知する（図12·12）。血糖濃度が低下すると，その情報は血糖調節中枢から，交感神経を通じて，**副腎髄質**
adrenal medulla
とすい臓に伝えられる。副腎髄質からは**アドレナリン**が分泌され，すい臓の
pancreas　　　　　　　　　　　　　　　　　　adrenaline
ランゲルハンス島のA細胞からは**グルカゴン**が分泌される。アドレナリンとグル
islets of Langerhans　　　　　　　　glucagon
カゴンは，肝臓や筋肉にはたらきかけ，蓄えられていたグリコーゲンをグルコースに分解して血糖濃度を増やす。

　血糖調節中枢からの低血糖の情報は，下垂体前葉にも伝えられ，下垂体前葉から副腎皮質刺激ホルモンが放出される。刺激を受けた副腎皮質からは副腎皮質ホルモンの**グルココルチコイド**が分泌される。グルココルチコイドは，タンパク質
glucocorticoid
を分解してグルコースにする代謝経路を活性化するため，血糖濃度が増える。下垂体前葉からは**成長ホルモン**も分泌される。成長ホルモンには血糖を増加させる
growth hormone
はたらきもある。

　血糖濃度が増加すると，血糖調節中枢は副交感神経を介して，すい臓のランゲルハンス島の**B細胞**に高血糖の情報を伝える。B細胞からは，**インスリン**が分泌
insulin
される。すい臓自体も，高血糖の血液が流れると，それを感知してインスリンを分泌する。インスリンは細胞のグルコースの消費を高めるはたらきがある。また，

参考12.7　糖尿病
　インスリンがはたらかなくなると，血糖濃度が増加する。過剰な血糖は尿細管で再吸収されず，尿に排出される。このような症状の病気を糖尿病という。高い血糖濃度が続くと，毛細血管が損傷し，さまざまな症状が引き起こされる。

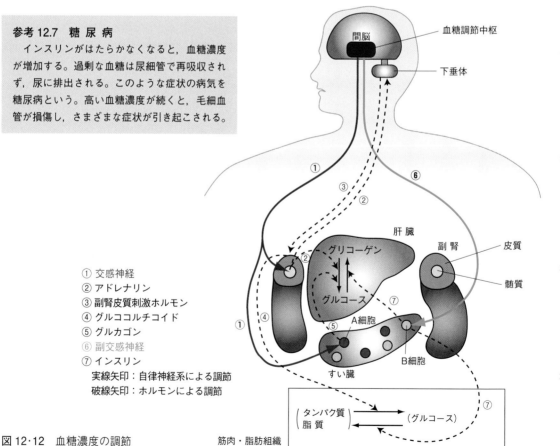

① 交感神経
② アドレナリン
③ 副腎皮質刺激ホルモン
④ グルココルチコイド
⑤ グルカゴン
⑥ 副交感神経
⑦ インスリン
　実線矢印：自律神経系による調節
　破線矢印：ホルモンによる調節

図12·12　血糖濃度の調節

　肝臓や筋肉の細胞では，グルコースを取り込み，グルコースを連結してグリコーゲンとして蓄える。その結果，血糖濃度が減少する。このように，血糖の濃度の情報は，視床下部やすい臓に常にフィードバックされ，血糖濃度の恒常性が保たれている。

12.5　生体防御

　生物の体は，ウイルスや細菌など，さまざまな異物が侵入する危険性に常にさらされている。生物が異物の侵入を防いだり，侵入した異物を排除したりすることを**生体防御**といい，生体防御により体内の恒常性が維持されている。生体防御
biophylaxis
には，**物理的防御，化学的防御**と，**免疫**がある。体内に侵入した病原体や，正常
immunity
な細胞が変化して生じたがん細胞を異物として認識して排除するしくみを免疫といい，免疫を引き起こす物質を**抗原**という。免疫には**自然免疫，獲得免疫**があり，
antigen　　　　　　　　　　　　　　　　　　　　innate immunity　acquired immunity
白血球がかかわる。獲得免疫は脊椎動物だけに存在する。脊椎動物の白血球は骨髄の**造血幹細胞**からつくられる。
hematopoietic stem cell

12.5.1　物理的化学的防御

　皮膚の最外層は，死んだ上皮細胞で構成されており，垢となってはがれ落ちる。
あか
死んだ細胞にはウイルスは感染しない。細菌が付着しても垢がはがれ落ちることにより，排除することができる。粘膜は粘液で覆われており，侵入してきたウイルスや細菌を粘液にからめ，繊毛運動によって排出している。汗や涙には細菌の細胞膜を分解して破壊するリゾチームとよばれる酵素が含まれている。胃液に含まれる塩酸は殺菌作用がある。血液の凝固も，傷をふさぎ，出血を抑え，細菌などの異物の侵入を防ぐはたらきがある。

コラム 12.5　鶏卵に含まれるリゾチーム

　生卵は室温に放置しても，意外なほど腐敗しない。一方，ゆで卵にすると殻がついたままでもすぐに腐る。加熱殺菌して，殻の中にあるのになぜだろうか？　鶏卵の殻には呼吸をするための小さな孔が多数あり，酸素や二酸化炭素を通過させるが，細菌は通過させない構造が備わっている。加熱すると，この構造が壊れるとともに，卵白に含まれるリゾチームなどの化学的防御にかかわるさまざまなタンパク質が変性して失活する。そのため，細菌が侵入し，増殖して腐敗する。

12.5.2　自然免疫

　生体に生まれつき備わっている免疫系を**自然免疫**という。自然免疫には白血球
innate immunity
の**好中球，マクロファージ，樹状細胞，NK（ナチュラルキラー）細胞**がかかわ
neutrophil　macrophage　dendritic cell　　　　　　natural killer cell
る（図 12·13）。細菌などの異物が体内に侵入すると，好中球，マクロファージ，樹状細胞が**食作用**により異物を排除する。食作用をする細胞の細胞膜には，病原
phagocytosis
体特有の物質を認識する Toll 様受容体(TLR)があり，病原体が TLR に結合すると，食作用を引き起こす。ヒトの TLR は 10 種類ある。NK 細胞はウイルスが侵入した細胞や，がん細胞を認識し，攻撃して死滅させる。

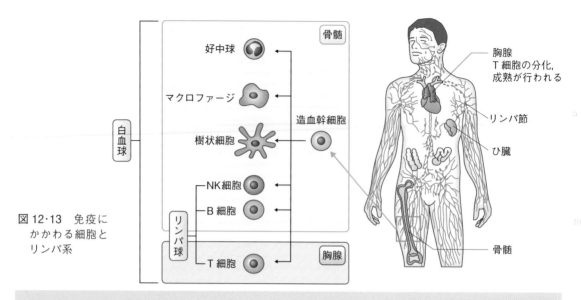

図 12·13　免疫にかかわる細胞とリンパ系

参考 12.8　抗原の情報を認識するしくみ

　抗原の情報は，免疫にかかわる細胞の細胞表面にある受容体で認識される。抗原と受容体は相補的な立体構造をしているため，抗原と受容体は特異的に結合する。抗原を結合した受容体は立体構造が変化し，細胞内シグナル伝達系を介して，細胞の免疫反応を誘起する。免疫にかかわる受容体には，TLR の他，B 細胞受容体，T 細胞受容体がある。

参考 12.9　炎　症

　異物が体内に侵入すると，その部分が腫れる。この現象を**炎症**という。炎症にはサイトカインとよばれるタンパク質がかかわる。異物を取り込んだマクロファージはサイトカインを分泌し，サイトカインが毛細血管に届くと，血管が拡張して透過性が高まり，白血球が血管から抜け出す。白血球はサイトカインに誘引されて，異物が侵入した部位に移動し，異物を食作用により除去する。

12.5.3　獲得免疫にかかわるリンパ球

　獲得免疫には，リンパ球の **B 細胞**と **T 細胞**がかかわる。B 細胞は骨髄（Bone marrow）で成熟し，T 細胞は胸腺（Thymus）に入って成熟する。獲得免疫は，異物を取り込んだ樹状細胞がリンパ節に移動して，同じ抗原を認識する T 細胞に対して抗原を提示することにより始まる。T 細胞には**ヘルパー T 細胞**と**キラー T 細胞**がある。抗原提示により活性化したヘルパー T 細胞は増殖して，リンパ節の中で同じ抗原を提示する B 細胞や，樹状細胞によって活性化されたキラー T 細胞をさらに活性化する。獲得免疫には，B 細胞が産生する抗体がはたらく**体液性免疫**と，キラー T 細胞がはたらく**細胞性免疫**がある。キラー T 細胞はリンパ節を出て，ウイルスに感染した細胞やがん細胞を破壊して排除する。

12.5.4　抗原提示

　異物の抗原の情報を提示することを**抗原提示**といい，抗原提示により T 細胞を活性化させたり，T 細胞により活性化されたりする細胞を**抗原提示細胞**という。抗原提示細胞には，樹状細胞やマクロファージ，B 細胞などがある。樹状細胞は T 細胞に抗原提示をして T 細胞を活性化する（図 12·14）。

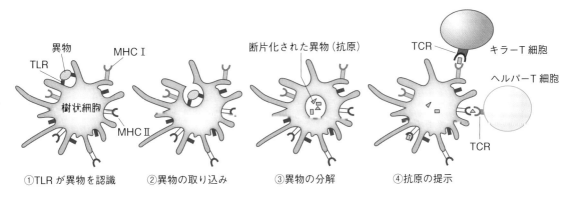

①TLRが異物を認識　②異物の取り込み　③異物の分解　④抗原の提示

図12・14　樹状細胞による抗原提示

参考 12.10　抗原提示の詳しいしくみ

　体液性免疫と細胞性免疫は，樹状細胞による**抗原提示**から始まる。樹状細胞の細胞膜には**主要組織適合複合体**（**MHC**：major histocompatibility complex）クラスⅠとクラスⅡがあり，樹状細胞が取り込んで断片化した異物はMHCに結合され，抗原として細胞表面に提示される。体液性免疫にはMHCクラスⅡがかかわる。MHCクラスⅡには約15個のアミノ酸からなるペプチドが結合する。提示された抗原が，ヘルパーT細胞のT細胞受容体（TCR）によって認識されると，ヘルパーT細胞は樹状細胞に結合して活性化され，増殖する。TCRは抗原自体に直接結合することはないが，MHCに提示された抗原には結合する。T細胞ごとにTCRが認識する抗原は異なる。B細胞も抗原提示細胞であり，細胞膜のB細胞受容体（BCR）に結合した異物を取り込み，断片化してMHCクラスⅡ上に抗原として提示している。活性化されたヘルパーT細胞はリンパ節内で，そのヘルパーT細胞が認識する抗原と同じ抗原を提示するB細胞と結合し，サイトカインを分泌してB細胞を活性化する（図12・17）。1個のB細胞は約5000個に増殖し，抗体産生細胞となる。その結果，樹状細胞が提示した異物に対する特異的抗体が量産される。

　細胞性免疫には，MHCのクラスⅡに加えてクラスⅠがかかわる。樹状細胞がMHCクラスⅠ上に提示する抗原と，キラーT細胞のTCRが認識する抗原が一致すると，樹状細胞はそのキラーT細胞に結合して，キラーT細胞を活性化する。活性化したキラーT細胞は，同じリンパ節にあるヘルパーT細胞が分泌するサイトカインに刺激されて増殖し，リンパ節から出てはたらく。MHCクラスⅠは，抗原提示細胞に限らず，すべての細胞で発現しており，細胞内で分解されたタンパク質の断片，約10個のアミノ酸からなるペプチドを提示する。提示される大部分は正常タンパク質の断片であるが，ウイルスのように細胞内で増殖する病原体や，がん細胞に特有のタンパク質，細胞の老化などに伴う異常なタンパク質も提示される。キラーT細胞が認識する抗原と同じ抗原を提示している細胞に出会うと，キラー細胞は細胞に結合して細胞ごと病原体を破壊して排除する。

コラム 12.6　サイトカインストーム

　新型コロナウイルス（SARS-CoV-2）に感染すると，免疫反応が過剰に起きてサイトカインが大量に産生されることがある。サイトカインは炎症を引き起こし，免疫反応を高めるはたらきがあるが，過剰のサイトカインは自己の損傷も引き起こす。このような反応をサイトカインストームという。サイトカインストームには，サイトカイン受容体をブロックする薬や，炎症を抑制するステロイドが有効とされている。

12.5.5　体液性免疫

　体液性免疫は，抗原に特異的に結合する**抗体**が血しょうにのって体中をめぐることから名づけられた。抗体は**免疫グロブリン**とよばれるタンパク質でできており，**H鎖**（重鎖）と**L鎖**（軽鎖）が各2分子ずつ，計4本のタンパク質で構成される（図12・15）。免疫グロブリンのN末端側には可変部があり，C末端側には

定常部がある。抗原には可変部が結合する。抗体は，B細胞由来の**抗体産生細胞**（antibody-forming cell）によってつくられる。抗体が抗原と特異的に結合することを**抗原抗体反応**という。（antigen-antibody reaction）抗体は，異物に結合して異物を無毒化するはたらきがある。また，抗体が異物に結合すると，それをマクロファージが認識して，食作用により異物を除去する。

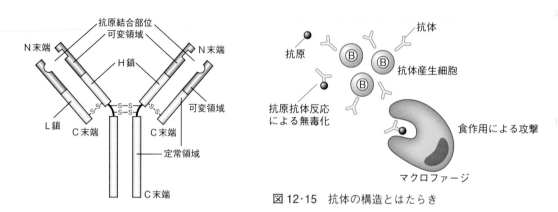

図12·15　抗体の構造とはたらき

参考12.11　**多様な抗原に対する抗体がつくられるしくみ**
　多様な抗原1つひとつに対応する抗体遺伝子があるとすると，ゲノムにある遺伝子の数，約20500では足りない。多様な抗原に対応する抗体がつくられるのは遺伝子の再編成による。H鎖の免疫グロブリン遺伝子の可変部は，V，D，Jの3つの領域に分かれており，ヒトでは，V領域に塩基配列が異なるV分節が約50個連なり，D領域にはD分節が約30個，J領域にはJ分節が6個連なっている。B細胞が分化する過程で遺伝子の再編成が起こり，V，D，J領域の中から，それぞれ1つずつ無作為に分節が選び出されて組み合わされる。V，D，Jの組合せは$50 \times 30 \times 6 = 9000$となり，細胞ごとにV，D，Jの組合せが異なるため，H鎖について9000種類のB細胞ができることになる（図12·16）。L鎖遺伝子の可変領域も，V分節が35個，J分節が5個連なっており，175種類のL鎖が生じる。H鎖とL鎖が組み合わされて1つの抗体となるため，組合せは$9000 \times 175 = $約150万となる。さらには，可変領域に変異が入るしくみもあり，抗体の可変部の種類はさらに増える。このしくみにより，ほぼすべての抗原に対する抗体がつくられることになる。このしくみを解明した利根川 進博士は，1987年にノーベル生理学・医学賞を受賞した。なお，B細胞は$2n$のため，H鎖とL鎖の遺伝子はそれぞれ2コピーあるが，片方の遺伝子の再編成が始まると，もう片方の遺伝子の再編成が抑制され，1種類のH鎖とL鎖のみが発現する。そのため，1つのB細胞は特定の1つの抗原に結合する抗体だけを産生することになる。

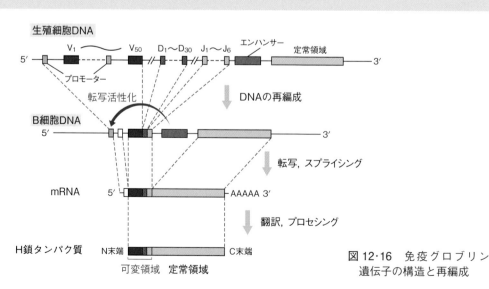

図12·16　免疫グロブリン遺伝子の構造と再編成

参考 12.12　B細胞受容体と抗体

　B細胞の細胞膜にはB細胞受容体(BCR)があり，抗原はBCRに結合する。BCRの結合特異性はB細胞ごとに異なる。B細胞はヘルパーT細胞から抗原の情報を受け取ると，活性化して増殖し，抗体産生細胞となって抗体を産生する（図12·17）。抗体とBCRは，同じ免疫グロブリン遺伝子からつくられるため，BCRに結合した抗原と同じ抗原を認識する抗体が産生されることになる。細胞膜結合型のBCRと，分泌型の抗体の違いは，選択的スプライシングによる。

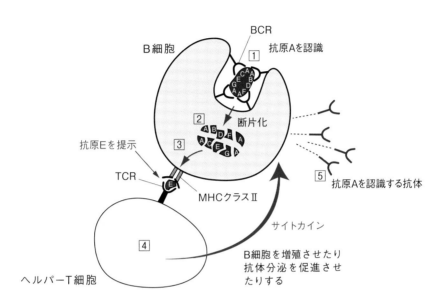

図 12·17　ヘルパー T 細胞による B 細胞活性化のしくみ
　　　　　①抗原A, B, C, D, E, Fをもつタンパク質の，抗原Aに特異的に結合するBCRをもつB細胞が，
　　　　　②そのタンパク質を取り込んで分解すると，③抗原A, B, C, D, E, Fが提示される。④抗原E
　　　　　を認識するヘルパー T 細胞が，提示された抗原Eを認識してB細胞に結合すると，B細胞
　　　　　が活性化され，⑤このB細胞からは抗原Aに対する抗体が産生される。

コラム 12.7　B細胞は異物がもつ多数の抗原を提示する

　樹状細胞が提示した抗原やヘルパー T 細胞が認識する抗原と，B 細胞が産生する抗体の抗原とはかならずしも一致するわけではない。しかし，樹状細胞が認識した異物に対する特異的抗体はつくられる。それは，病原体などの異物は分子として大きく，多数の抗原をもつからである。MHC は多くの種類のペプチドを結合することができる。樹状細胞が取り込み断片化した異物は，MHC クラス II に結合されて提示される。そのため，1 個の樹状細胞は，異物がもつさまざまな抗原を提示することになる。樹状細胞には，さまざまな抗原特異性をもつヘルパー T 細胞が結合し活性化される。その多くの種類のヘルパー T 細胞の 1 つひとつが，同じ抗原を提示した B 細胞を活性化する。1 つのヘルパー T 細胞は 1 種類の抗原しか認識せず，1 つの B 細胞は 1 種類の抗原に対する抗体しか産生しないが，B 細胞も取り込んだ異物を断片化し，多くの種類の抗原を提示している。そのため，特定の 1 種類の抗原を認識するヘルパー T 細胞であっても，異なる抗原に対する抗体を産生する多くの B 細胞を活性化することができる。この情報伝達システムによって，標的となる異物のさまざまな箇所を認識する特異的抗体が量産される（図12·17）。

参考 12.13　多様な TCR がつくられるしくみ

　T 細胞の TCR も，α 鎖遺伝子の可変部が V，D，J 領域に，β 鎖遺伝子の可変部が V，J 領域に分かれており，再編成によって完成した TCR 遺伝子となる。対立遺伝子の再編成が抑えられるため，1 つの T 細胞の TCR は 1 種類の抗原だけを認識する。

参考 12.14　血清療法
　特定の抗原に対する抗体をウマなどの動物につくらせ，その血清を注射することにより抗原を無毒化する治療法を血清療法という。マムシなどにかまれ，緊急を要する場合に，毒素に対する血清が使われている。

12.5.6　細胞性免疫

　細胞性免疫には，樹状細胞と，ヘルパーT細胞，キラーT細胞がかかわる。細胞性免疫は，キラーT細胞が抗原を提示する細胞を直接攻撃して，細胞ごと異物を排除する免疫システムである。体液性免疫は，血しょう中の抗体がかかわるため，細胞外の抗原に対してのみ免疫がはたらくが，細胞性免疫では細胞内に潜むウイルスや，がん細胞も排除することができる（図12·18）。

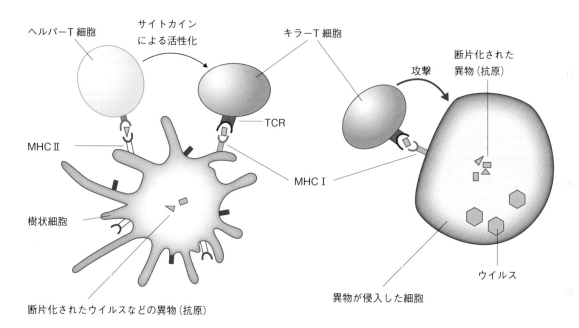

図 12·18　細胞性免疫のしくみ

12.5.7　免疫記憶

　病原体に感染すると，同じ病原体には感染しにくくなる。これを**免疫記憶**という。初めて感染した病原体に対する免疫応答を**一次応答**という。一次応答では，抗体を産生するまでに1週間ほどかかり，その間に発病する。感染が2回目以降の場合は，すぐに多量の抗体が産生され，発病する前に病原体を排除する。経験した抗原に対する免疫応答を**二次応答**といい，一次応答で活性化し増殖したヘルパーT細胞や，B細胞，キラーT細胞の一部が**記憶細胞**となって保存されているため，すばやく強く応答する（図12·19）。毒性を弱くした病原体や抗原を注射すると，その病原体に対する免疫力が増す。このとき用いられる抗原を**ワクチン**といい，ワクチンにより記憶細胞がつくられる。

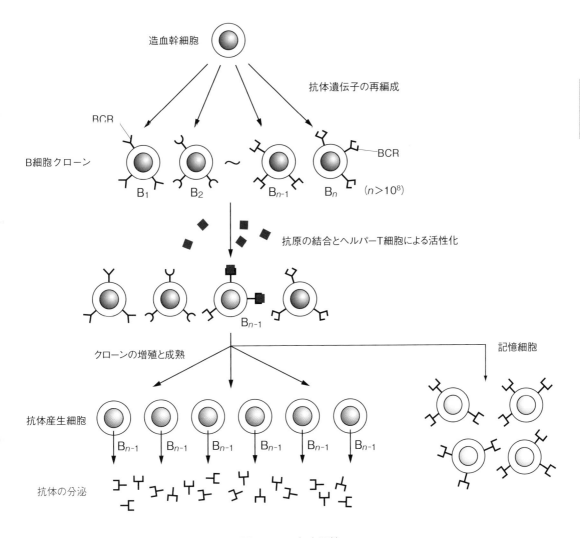

図 12·19　免疫記憶

12.5.8　拒絶反応

　MHC は個体によって多型があり，自己非自己の目印になっている。T 細胞が，自己と異なる MHC をもつ細胞に出会うと，免疫反応が引き起こされ，非自己の細胞は排除される。他個体の組織が移植されると拒絶反応を受けるのはこのためである。

12.5.9　免疫寛容

　B 細胞の BCR と，T 細胞の TCR の抗原反応性は，自己非自己にかかわらず発現する。そのため，自己も攻撃するはずである。しかし，成熟過程で自己に対する特異性をもつ T 細胞は排除され，B 細胞は抑制される。これを**免疫寛容**といい，immunological tolerance
免疫寛容によって獲得免疫が自己を攻撃しないようになっている。

参考 12.15　Ｔ細胞の免疫寛容のしくみ

　自己の抗原と自己の MHC を認識する TCR をもつＴ細胞は，自己の抗原と自己の MHC の複合体に強く結合する。未成熟なＴ細胞が胸腺に入ると，自己の抗原と自己の MHC の複合体に強く結合するＴ細胞は，アポトーシス（☞ p 125）が引き起こされ，排除される。これを負のクローン選択という。自己の抗原と自己の MHC の複合体に弱く結合するＴ細胞は，生き残って成熟し，リンパ系に入る。弱く結合したＴ細胞の中には，異物の抗原に強く結合する TCR をもつものもある。これを正のクローン選択という。免疫寛容により，自己の攻撃を避け，遭遇したことがない外敵に備えている。自己の抗原を認識するヘルパーＴ細胞が排除されるため，Ｂ細胞も自己を認識する抗体を産生することはない。

12.5.10　免疫にかかわる疾患

　ヒト免疫不全ウイルス（**HIV**）[* 12-1] は，ヘルパーＴ細胞に感染し破壊する。そのため，体液性免疫，細胞性免疫とも機能が損なわれる。免疫機能が損なわれると，健康であれば感染しないような病原性の低い病原体にも感染しやすくなる。このような感染を**日和見感染**という。HIV によって引き起こされる疾患を**エイズ（AIDS）**[* 12-1] という。HIV は感染してから発症するまで長い時間がかかるため，自覚症状がなく，他人に感染させてしまう危険性が高い。

　免疫のしくみが自己を攻撃することによって引き起こされる疾患を**自己免疫疾患**という。神経からの情報を受け取るアセチルコリン受容体に対する抗体によって筋細胞に引き起こされる重症筋無力症や，甲状腺刺激ホルモン受容体に対する抗体により甲状腺機能が亢進して引き起こされるバセドウ病などがある。

　過剰な免疫反応により引き起こされる症状を**アレルギー**という。アレルギーの原因となる抗原を**アレルゲン**という。食べ物や花粉，ほこりなどがアレルゲンとなる。全身性の激しいアレルギー症状を**アナフィラキシー**という。アナフィラキシーになった場合は**アドレナリン**（エピネフリン）の筋肉注射が有効とされている。

コラム 12.8　コロナウイルスとインフルエンザウイルス

　コロナウイルスやインフルエンザウイルスに，何回も感染し発症する場合がある。2020 年から 2023 年にパンデミックを引き起こした新型コロナウイルス（SARS-CoV-2）は，感染力が次々と増していった。それは，これらのウイルスの抗原性が頻繁に変わり，記憶細胞が対応できないためである。その原因は，これらのウイルスのゲノムは DNA でなく，１本鎖 RNA だからである。RNA ウイルスのゲノムは RNA ポリメラーゼによって複製される。RNA ポリメラーゼは校正機能が弱く，突然変異が入りやすい。そのため，抗原性が変わりやすく，免疫記憶の監視システムから逃れやすくなったり，感染力が増大したりする。

＊ 12-1　HIV：human immunodeficiency virus，AIDS：acquired immune deficiency syndrome.

12.6 遺伝子の損傷と修復

　体細胞の DNA の配列が変化したり DNA が損傷したりすると，遺伝子の発現に問題が生じ，がんなどの病気を発症する原因ともなる。生殖細胞の DNA に変異が入ると，遺伝病になる可能性がある。DNA の塩基配列の変異の大部分は，DNA 複製の過程で生じる。また，DNA はさまざまな要因により，常に損傷の危険にさらされている。自然突然変異頻度よりも高い頻度で突然変異を生じさせるような物理的または化学的作用原を**変異原**という。生物には損傷を修復するしくみがあり，損傷を最低限に抑えている。

12.6.1 変異原

　変異原には活性酸素や，化学物質，紫外線，電離放射線やレトロウイルスなどがある。活性酸素は主として呼吸の過程で生じ，それがミトコンドリアから漏れ出す。活性酸素は酸化力が強いため，DNA を含むさまざまな分子に損傷を与える。ハムやタラコの発色剤として使われる亜硝酸は，塩基の脱アミノ化を引き起こす。塩基の脱アミノ化により，相補的に結合する本来の塩基と水素結合できなくなり，別の塩基と相補的に結合するため，複製の際に新生 DNA 鎖の塩基が変化する。紫外線はピリミジン塩基の構造を変える。波長 260 nm 付近の紫外線のエネルギーを吸収したピリミジン塩基は，反応性が高まり，隣のピリミジンと共有結合してピリミジン二量体を形成する（図 12·20）。ピリミジン二量体は複製の妨げとなり，DNA ポリメラーゼはピリミジン二量体をスキップして DNA 鎖を合成する。そのため，塩基の欠失変異が生じる。紫外線は皮膚がんの原因となる。電離放射線にはガンマ線，X 線，β 線，α 線などがあり，電離放射線により DNA 鎖が切断される。レトロウイルスは遺伝子の情報を分断する。レトロウイルスのゲノムは RNA であり，感染すると，細胞の中でゲノムの RNA を鋳型に DNA を合成し，合成した DNA を鋳型にして 2 本鎖 DNA となる。RNA を鋳型に DNA を合成することを**逆転写**という。レトロウイルス由来の 2 本鎖 DNA は，細胞のゲノムに組み込まれる。そのため，ゲノム情報が分断されることになる。レトロウイルスには，エイズを引き起こす HIV などがある。

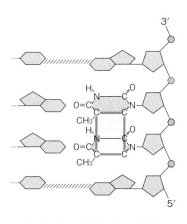

図 12·20 ピリミジン二量体

12.6.2 突然変異の影響

　種が違っても，同じ遺伝子のタンパク質は同じ機能をもつ。同じ機能をもつには，同じ立体構造を形成するアミノ酸配列があるはずである。種が違ってもよく似たアミノ酸配列や塩基配列があることを「配列に保存性がある」といい，保存性がある配列や領域を**保存配列，保存領域**という。タンパク質のアミノ酸の保存配列に突然変異が入ると，立体構造が変化し，機能が低下したり失われたりする。

　1個の塩基に突然変異が入ることを**点突然変異**という（図12·21）。コード領域に点突然変異が入っても，アミノ酸が変化しないことがある。それは，コドンには縮重があるからである。特にコドンの3番目の塩基は重複が多い。点突然変異が入っても，同義コドンならば指定するアミノ酸は変わらない。これを**同義変異**という。

　コード領域に1塩基または2塩基の欠失や挿入があると，コドンの読み枠がずれて，変異点のC末端側は異なるアミノ酸配列になる（図12·22）。多くは終止コドンとなって翻訳が止まり，C末端側が欠失したタンパク質となる。

　転写調節領域のシスエレメントに突然変異が入ると，転写因子が結合できなくなり転写調節を受けられなくなる。その結果，遺伝子発現が低下または亢進し，細胞の活動に障害が生じる。

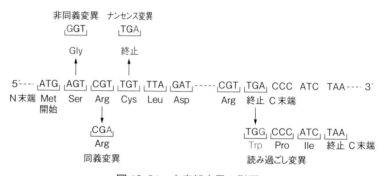

図12·21　点突然変異の影響

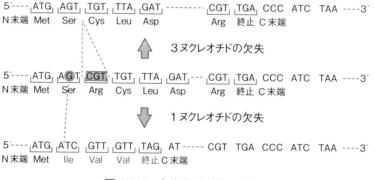

図12·22　欠失突然変異の影響

12.6.3　除去修復

　損傷した塩基は，除去され，修復される。損傷を受けた塩基を含むヌクレオチドの一部を切り出し，正常なDNA鎖を鋳型として修復するしくみを**塩基除去修復**といい，25塩基から30塩基の長さの鎖を切り出して修復するしくみを**ヌクレオチド除去修復**という（図12·23）。

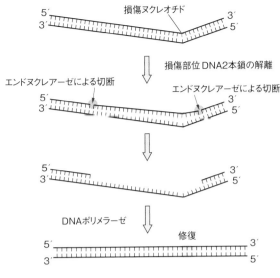

図 12·23　ヌクレオチド除去修復

参考 12.16　DNA 複製により生じた変異の修復

　DNA ポリメラーゼには校正機能があるが，それでも DNA ポリメラーゼは約 10 万塩基に 1 か所誤った塩基を連結するといわれている。誤った塩基を連結すると，**不対合**の塩基対が生じ，不対合校正系がはたらいて不対合を解消する。しかし，2 本鎖のどちらの塩基が誤りかを判別しないで不対合を解消するのでは，2 分の 1 の確率で鋳型鎖の塩基を誤って修正することになる。ヒトの細胞では，複製されたばかりの新生鎖に一時的にニックとよばれる DNA 鎖の切れ目が入っており，これを不対合校正系が認識してニックが入った点から不対合の塩基までを取り除き，修復される。

12.6.4　組換え修復

　DNA が切断される損傷もある。片方の鎖だけが切断されることを単鎖切断といい，2 本鎖が切断されることを 2 本鎖切断という。単鎖切断の場合は，DNA リガーゼで連結すれば修復される。電離放射線などで 2 本鎖 DNA が 2 本鎖とも切断された場合も，修復することが可能である。DNA 2 本鎖が切断されると，切断部分で相同染色体と対合し，相同染色体の塩基配列を鋳型として修復される。このしくみを**組換え修復**といい，相同組換え（☞ p 85，87）が起きている（図 12·24）。

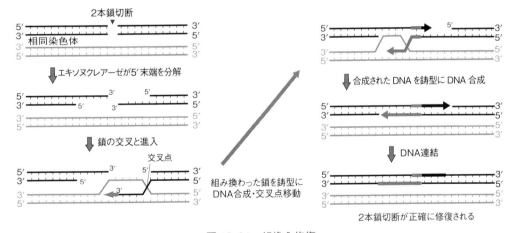

図 12·24　組換え修復

12.6.5　アポトーシス

　細胞が損傷を受けても，修復可能ならば修復するのが経済的である。しかし，修復できないほど損傷を受けた場合は，がん細胞になる可能性もあり，排除する方が安全である。積極的に引き起こす細胞死を**アポトーシス**という。アポトーシ

スでは細胞膜や細胞小器官などが正常な形態を保ちながら，クロマチンが凝集し，細胞全体が萎縮，断片化して細胞死に至る。死んだ細胞は，マクロファージなどの食細胞により捕食され，組織から除外される。

参考 12.17　発生とアポトーシス
正常な発生過程でもアポトーシスは起きている。たとえばヒトの手の水かきや，オタマジャクシの尾のように，不要になった細胞はプログラムされたアポトーシスによって除かれる。これを特に**プログラム細胞死**とよぶ。

12.6.6　がんと遺伝子

ヒトの体は約37兆個もの細胞で構成されている。遺伝子の修復機構が備わっていても，膨大な数の細胞の中にはDNAに重大な損傷を受けているものも生じる。なかには，脱分化して細胞の機能を失い，他の細胞との接着を絶って，増殖速度が大きくなり，周辺組織に浸潤する細胞も現れる。このようになった細胞を**がん細胞**といい，がん細胞によって組織の機能が低下し，やがて個体の生存が脅かされるようになる。加齢に伴ってがんの発生率が増加するのは，複数種類の遺伝子の変異が積み重なってがん細胞になるからである。

がんを引き起こす遺伝子を**がん遺伝子**という。がん遺伝子は，細胞増殖の調節にかかわる正常な遺伝子に由来する。がん遺伝子になる前の正常な遺伝子を**がん原遺伝子**という。がん原遺伝子に突然変異が入り，遺伝子機能が亢進して細胞増殖を過剰に促進するようになると，がん細胞になる可能性が高くなる。機能が失われるとがんになる可能性が高くなる遺伝子を**がん抑制遺伝子**といい，細胞周期のチェックポイントではたらく遺伝子や，細胞増殖を抑制するシグナル受容体，アポトーシス促進因子，DNA修復因子などの遺伝子がある。

参考 12.18　がん遺伝子になるしくみ
①構成的活性型タンパク質になる突然変異：がん原遺伝子のタンパク質は，細胞増殖のシグナルを受け取ると，活性型になる。突然変異により構成的活性型タンパク質になると，シグナルがなくても細胞増殖を促進するようになる。②がん原遺伝子の遺伝子増幅：がん原遺伝子のコピー数が増えると，細胞増殖を促進するタンパク質が過剰に生産される。③がん原遺伝子の転座：強いエンハンサーの近くに転座すると，転写が活性化され，細胞増殖を促進するタンパク質が過剰に生産される。

126

参考 12.19　大腸がんになるしくみ

　がん抑制遺伝子の *APC* と *p53*，がん遺伝子の *K-ras* の突然変異が積み重なると，大腸がんになる（図12・25）。APC（<u>a</u>denomatous <u>p</u>olyposis <u>c</u>oli）は，がん原遺伝子 *myc* の発現を活性化する Wnt シグナル伝達を遮断するはたらきがあり，機能を喪失すると DNA 複製が促進される。Ras は細胞膜に存在し，増殖因子のシグナルを伝達するはたらきがある。突然変異により，恒常的に増殖シグナルを核に送り続けるようになると，細胞分裂が促進される。p53 は，DNA に損傷があると細胞増殖を促進する遺伝子の発現を抑制し，細胞周期を止め，アポトーシスにかかわる遺伝子を活性化して細胞を自殺させるはたらきがある。p53 の機能が喪失すると，がんの発生を抑制できなくなる。

　大腸がんは，以下の経過で発生する。APC が機能を喪失すると，大腸上皮に小さなポリープができる。さらに，K-ras が活性化すると，大きなポリープになる。さらに p53 が機能を喪失すると，悪性化したがんになる。

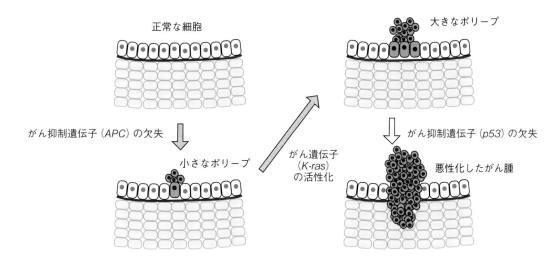

正常な細胞　　　　　　　　　　　大きなポリープ

がん抑制遺伝子（*APC*）の欠失　　　　　　　　　がん抑制遺伝子（*p53*）の欠失

小さなポリープ　　　　　がん遺伝子（*K-ras*）の活性化　　悪性化したがん腫

図 12・25　遺伝子の変異の積み重ねと大腸がん

13_章 環境応答

生物は絶えず変化する環境に対応しながら生きている。生物は環境の変化を刺激として受け取り，応答する。生物がどのように刺激を受け取り応答するか，そのしくみを学ぼう。

13.1　動物の感覚の受容と応答

刺激を受け取る構造を**受容器**といい，刺激に応じて反応する構造を**効果器**という（図13·1）。環境からの刺激は，光や音，圧力，温度などさまざまであり，それぞれの刺激に応じた受容器がある。たとえば，受容器には眼の網膜，皮膚の痛点などがあり，効果器には筋肉や分泌腺などがある。受容器と効果器は**神経系**によって結ばれており，受容器が受け取った信号は神経系を介して伝達されている。感覚が生じるのは，受容器からの信号が大脳に伝えられるからである。大脳などの中枢神経系では，信号の情報処理が行われる。中枢神経系での判断は信号に変換され，信号が運動神経によって効果器に伝えられ，刺激に対応する行動となる。

図13·1　刺激の受容と応答

13.2　視　覚

受容器の1つに眼がある。眼の網膜には，光を感じる感覚細胞の**視細胞**があり，視細胞には，**桿体細胞**と**錐体細胞**がある。桿体細胞は薄暗いところでもはたらき，明暗を識別するが，色は識別しない。錐体細胞は明るいところで色を識別する。桿体細胞には**ロドプシン**とよばれる感光物質が含まれている（図13·2）。ロドプシンはオプシンとよばれるタンパク質とレチナールという物質からなり，レチナールが光を受容する。レチナールが光を吸収すると，レチナールの立体構造が変わり，ロドプシンが活性化する。ロドプシンが活性化すると，桿体細胞に電気的な変化が生じ，その信号が視神経に伝えられ，視神経を介して大脳に信号が伝わり，光を感じる。

ヒトには，青錐体細胞，緑錐体細胞，赤錐体細胞があり，それぞれ異なる波長の光を吸収する**フォトプシン**とよばれる視物質をもつ。フォトプシンもオプシン

とレチナールからなる。それぞれの錐体細胞が受け取った光の刺激は，視神経を介して大脳に伝えられ，大脳で刺激情報が統合されて色覚となる。たとえば，緑錐体細胞と赤錐体細胞が同程度に刺激を受ければ，大脳は黄色と感じ，青錐体細胞と緑錐体細胞，赤錐体細胞が同程度に刺激を受ければ，大脳は白と感じる

コラム 13.1　明順応と暗順応

　暗いところから急に明るいところに出ると，まぶしくてよく見えない。しかし，しばらくすると見えるようになる。これを**明順応**という。明るいところから急に暗いところに入ると，暗くてよく見えない。しかし，しばらくすると見えるようになる。これを**暗順応**という。明順応では，レチナールがオプシンから解離することで，光に対する反応性が低下する（図 13·2）。暗順応では，レチナールがオプシンに結合して，ロドプシンが再構成される。暗順応が明順応より時間がかかるのは，レチナールがオプシンから解離するより，結合するのに時間がかかるからである。

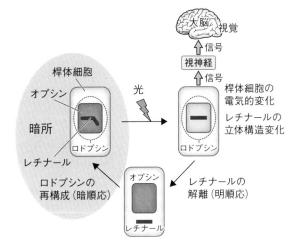

図 13·2　光に応答するロドプシン

参考 13.1　ロドプシンとフォトプシン

　桿体細胞のロドプシンと錐体細胞のフォトプシンは，ともにタンパク質のオプシンと感光物質のレチナールをもつ。レチナールはビタミン A からつくられる。ビタミン A が欠乏するとレチナールが不足し，薄暗い所では見にくくなる夜盲症になる。オプシン自体は可視光を吸収しない。レチナールの吸収極大（最もよく吸収する波長）は 360 nm であるが，オプシンと結合すると吸収極大が長波長側にシフトする。ロドプシンの吸収極大は 500 nm 付近にあり，青錐体細胞，緑錐体細胞，赤錐体細胞のフォトプシンの吸収極大はそれぞれ，420 nm，530 nm，560 nm である（図 13·3）。桿体細胞のロドプシンは青緑色の光を吸収するが，桿体細胞で受けた光刺激は，脳は色としてではなく明暗として感じる。

　桿体細胞のロドプシンと錐体細胞のフォトプシンは，共通のオプシン遺伝子が遺伝子重複したことにより生じた。共通のオプシン遺伝子から最初に赤型が分岐し，続いて紫型，青型，緑型の順に分岐し，緑型から桿体型（ロドプシン型）が分岐した（図 13·4）。薄暗いところでの明暗の視覚は，色覚より後に獲得したといえる。それぞれのオプシンは，アミノ酸配列が少し異なる。ロドプシンとフォトプシンの光の吸収極大は，レチナールとオプシンのアミノ酸との相互作用によって決まるため，異なる吸収極大をもつ。

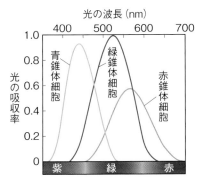

図 13·3　色素タンパク質の吸収スペクトル

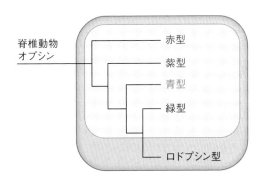

図 13·4　脊椎動物の視物質の分子系統樹

コラム 13.2　色覚の進化

　脊椎動物の共通祖先は 5 種類のオプシンを獲得していた。魚類，爬虫類，鳥類は脊椎動物が獲得した 5 種類のオプシンをもつが，哺乳類の大部分は緑型と青型を失っている。恐竜が繁栄していた頃の初期の哺乳類は，恐竜の捕食から逃れるため，夜行性であった。暗闇では錐体細胞ははたらかないため，緑型と青型オプシン遺伝子を失った。したがって，一般的な哺乳類は緑と赤の識別ができない。霊長類は，緑型と青型オプシンを再獲得している。霊長類の緑型オプシンは，赤型オプシンの遺伝子重複と突然変異により生じ，青型オプシンは紫型オプシンの突然変異により，吸収極大が紫から青にシフトして生じた。

　霊長類は，緑型オプシンと青型オプシンを獲得したことにより，緑の葉と熟した果実の赤の識別ができるようになり，森林に適応した。興味深いことに，魚類は 5 種類のオプシン遺伝子のそれぞれが遺伝子重複しており，10 種類のオプシンをもつ。魚類が生息する水界は，水深や透明度により届く光の波長が変わる。魚類は，多様なオプシンを獲得して，多様な光環境に適応している。

13.3　ニューロンによる情報伝達のしくみ

　神経系の構成単位は**ニューロン**（神経細胞）であり，ニューロンの束を神経という。神経系は中枢神経系と末梢神経系からなる。末梢神経系は，**体性神経系**（随意神経系）と自律神経系があり，体性神経系には，受容器からの信号を中枢に伝える感覚神経と，中枢からの信号を効果器に伝える運動神経がある（図 13·5）。感覚ニューロンと運動ニューロンをつなぐ神経細胞を**介在ニューロン**といい，介在ニューロンは脳や脊髄などの中枢神経系を構成する。

13.3.1　ニューロンの構造

　ニューロンは核を含む**細胞体**と，細胞から突出した多数の**樹状突起**，長く伸びた**軸索**（神経繊維）からなる。運動ニューロンと介在ニューロンの細胞体はニューロンの末端にあるが，感覚ニューロンの多くは，細胞体は軸索の途中にある。ニューロンは他の細胞からの信号を樹状突起で受け取り，細胞体で信号を統合する。細胞体で統合された信号は軸索を伝わり，軸索の末端と接する他のニューロンや効果器に送られる（図 13·5）。

　脊椎動物の末梢神経の軸索の多くは，**髄鞘**で包まれている。髄鞘をもつ軸索を**有髄神経繊維**，もたない軸索を**無髄神経繊維**という。個々の髄鞘は，1 個の細胞でできており，細胞が薄い膜状になって軸索を何重にも巻いている。髄鞘と髄鞘の間の，髄鞘で覆われていない部分を**ランビエ絞輪**という。中枢神経を構成する介在ニューロンの多くは軸索が短く，髄鞘をもたない。

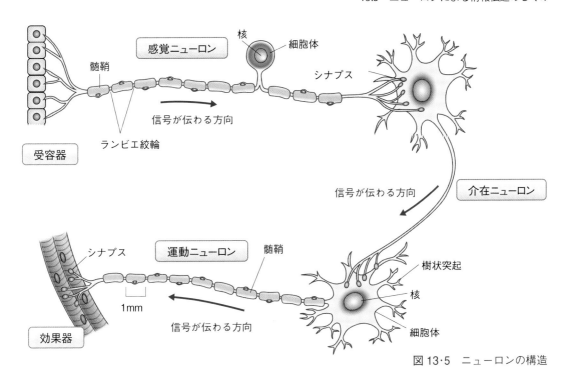

図 13·5　ニューロンの構造

13.3.2　ニューロンの興奮

　刺激を受けていないニューロンの細胞膜の外側は正（＋）に帯電しており，内側は負（－）に帯電している。細胞膜の外側の電位を基準にして，外側の電位を 0 mV とすると，細胞膜の内側は約 −60 mV になっている。細胞膜の外側の電位を 0 mV としたときの，膜の内側の電位を**膜電位**といい（図 13·6），刺激を受けていないニューロンの膜電位を**静止電位**という。細胞膜の内外で電位に差が生じることを**分極**という。静止電位が生じるのは，ナトリウムポンプが常にはたらいていて，細胞内の Na^+ の濃度が低く保たれているからである。ニューロンが刺激

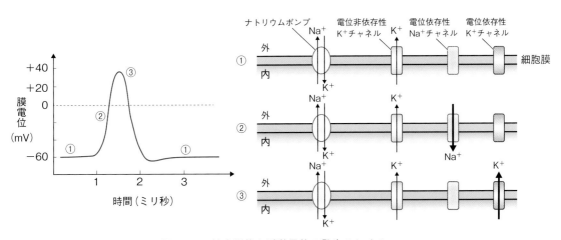

図 13·6　静止電位と活動電位の発生のしくみ

参考 13.2　静止電位と活動電位の発生のしくみ

　静止電位と活動電位の発生には，ナトリウムポンプとイオンチャネルがかかわる（図13・6）。①動物の細胞は，ナトリウムポンプのはたらきにより，Na^+を細胞内から細胞外に排出し，K^+を細胞外から細胞内に取り込んでいる。ニューロンの細胞膜には常に開いているK^+チャネルがあり，細胞内に取り込まれたK^+は細胞外に漏れ出している。正電荷（＋）をもつNa^+が細胞外に排出され，K^+も細胞外に漏れ出しているため，細胞外は正（＋）に帯電し，細胞膜の内側は負（ー）に帯電することになる。この膜内外の電位差が静止電位となる。②ニューロンには電位依存性のNa^+チャネルがあり，ニューロンが刺激を受けると，電位依存性Na^+チャネルが開いてNa^+が細胞内に流入する。正電荷（＋）をもつNa^+が細胞内に流入するため，負（ー）の膜電位からゼロ（0）に近づく。膜電位が，負の静止電位からゼロに近づくことを**脱分極**という。脱分極が刺激となって，さらに多くの電位依存性Na^+チャネルが開き，さらに多くのNa^+が細胞内に流入する。その結果，軸索の膜電位は正（＋）に転じる。電位依存性Na^+チャネルはすぐに閉じる。③脱分極が始まると電位依存性K^+チャネルが開き，軸索内のK^+が細胞外に急速に流出する。正電荷（＋）をもつK^+が流出するため，膜電位は低下する。膜電位が低下して負（ー）の静止電位に近づくことを**再分極**という。④電位依存性K^+チャネルが閉じ，ナトリウムポンプがはたらいてNa^+とK^+の濃度勾配が生じ，常に開いているK^+チャネルを通ってK^+が軸索外に漏れ出すと，再び静止電位に戻る。

を受けると，刺激を受けた部分の細胞膜の内外の電位が瞬間的に逆転し，次の瞬間にもとに戻る。この一連の膜電位の変化を**活動電位**といい，活動電位が発生することを興奮という。興奮は軸索を伝わる。

13.3.3　興奮の伝導

　興奮が軸索を伝わることを，興奮の伝導という。ニューロンが刺激を受けて興奮すると，興奮部では電位依存性Na^+チャネルが開いてNa^+が軸索内に流れ込む。軸索内では，Na^+の急激な濃度上昇をきっかけとして，高密度の正電荷の波が伝播する。軸索内における高密度正電荷の波を**活動電流**という。活動電流は隣接部分の電位依存性Na^+チャネルを刺激し，Na^+チャネルが開く。その結果，隣接部分に活動電位が発生して活動電流が生じる。これが次々と起こることにより，興奮が伝わる。

　開いた電位依存性Na^+チャネルは，膜電位が正（＋）になると不活性化されて閉じる。不活性化は約20ミリ秒（20/1000秒）続き，この間は刺激に反応できない状態になる。これを**不応期**といい，不応期があるため，興奮が直前に興奮した部位に伝わることはなく，興奮は一方向に伝わる。

　無髄神経繊維では，興奮が起きた部位と次の興奮が起こる部位との距離が短く，小刻みに興奮が伝わる（図13・7）。また，軸索の細胞膜から活動電流が漏れ出すため，活動電流は減衰しながら軸索を伝わる。したがって，離れた場所にある電位依存性Na^+チャネルを刺激することができず，興奮の伝導速度は小さい。有髄神経繊維では，髄鞘は絶縁体であるため，髄鞘が巻き付いた部分では活動電流の

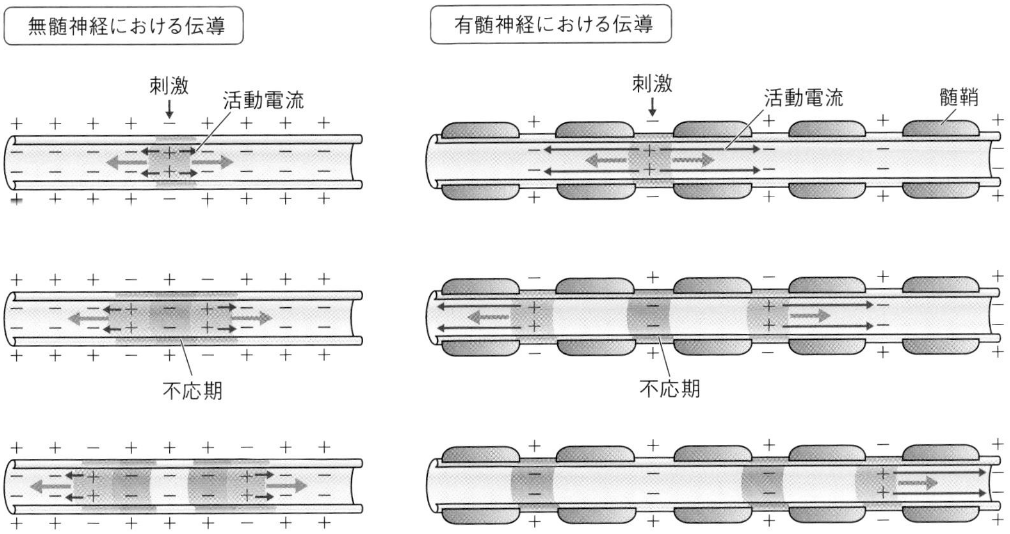

図 13·7　興奮の伝導と跳躍伝導
　図では人為的に軸索を刺激しているため，刺激した部位から両方向に興奮が伝わる。

漏れがなく，活動電流の減衰が少ない。したがって，遠くの電位依存性 Na^+ チャネルまで刺激することができる。また，髄鞘が巻き付いた部分の軸索の細胞膜には，電位依存性 Na^+ チャネルがほとんど存在しないため，活動電流は飛び飛びに存在するランビエ絞輪の電位依存性 Na^+ チャネルを刺激する。このような興奮の伝わり方を**跳躍伝導**といい，跳躍伝導の伝導速度は大きい（図 13·7）。
saltatory conduction

> **参考 13.3　活動電流の実態**
> 　電荷の流れを電流というが，活動電流は電荷が軸索の中を流れていくわけではない。たとえば，音は空気の振動の伝播であり，空気の分子は流れないように，活動電位によって生じた軸索内の高密度正電荷は波となって軸索を伝わる。そのため，興奮は高速で伝わる。

コラム 13.3　ニューロンの興奮と伝導のしくみの解明に貢献したイカ
　脊椎動物の軸索の太さは直径 20 µm 以下と細く，軸索で興奮が伝導するしくみを解析することが難しかったが，イカの軸索の直径は 1 mm と太く，電極を軸索内に刺し込むことができた。イカの巨大軸索を使って興奮伝導のしくみを解明したイギリスのホジキンとハクスレーは，1963 年にノーベル生理学・医学賞を受賞した。

13.3.4　閾値と刺激の強さの情報

　ニューロンは一定以上の強さの刺激でなければ興奮しない。興奮が起こる最小の刺激の強さを**閾値**という（図 13·8）。一方，閾値以上の強さの刺激を与えても，
threshold value
活動電位の大きさは変わらない。ニューロンは刺激に対して，興奮するか，興奮しないかのどちらかであり，これを**全か無かの法則**という。
all-or-none law
　閾値は膜電位で表される。ニューロンが刺激を受けると，電位依存性 Na^+ チャ

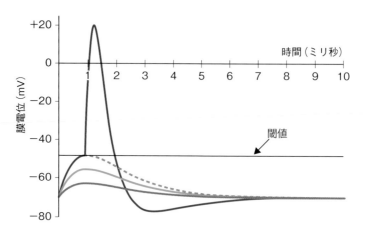

図13·8　活動電位の閾値

ネルの一部が開き，細胞内に Na^+ が流れ込んで脱分極するが，刺激が弱く膜電位が閾値に達しない場合は，電位依存性 Na^+ チャネルは再び閉じる。したがって，活動電位は生じない。膜電位が閾値を超えるほど大きく脱分極すると，脱分極が刺激となって，すべての電位依存性 Na^+ チャネルが開く。その結果，細胞内に多くの Na^+ が流れ込み，活動電位が発生する。このように，脱分極の刺激により電位依存性 Na^+ チャネルが開き，さらに脱分極が進むと，さらに多くの電位依存性 Na^+ チャネルが開くという，脱分極と電位依存性 Na^+ チャネルの正のフィードバックにより，爆発的に細胞内に Na^+ が流れ込んで活動電位が発生する。

　ニューロンで発生する活動電位の大きさは，刺激の強さによらず一定であるが，ニューロンは強い刺激を受けるほど，高い頻度で活動電位を発する。また，神経は複数のニューロンの神経繊維が束になっており，ニューロンごとに閾値が異なるため，刺激の強さによって，興奮する神経のニューロンの数も変化する。たとえば，受容器からの刺激の強弱の情報は，感覚ニューロンの活動電位の発生の頻度と，興奮する感覚ニューロンの数によって脳に伝えられる。

13.3.5　シナプスを介した興奮の伝達

　軸索の末端は，他のニューロンの樹状突起や細胞体，効果器と $20\,nm \sim 40\,nm$ の狭い隙間を隔てて接続している。この接続部分を**シナプス**といい，隙間を**シナプス間隙**という（図13·9）。軸索を伝わってきた興奮は，シナプスを介して次のニューロンや効果器に伝えられる。シナプスを介して興奮が伝えられることを**伝達**という。シナプスには**興奮性シナプス**と**抑制性シナプス**があり，興奮性シナプスで興奮の伝達が起こると，伝達された細胞で活動電位が発生する（図13·10）。抑制性シナプスがはたらくと，活動電位の発生が抑制される。伝達を受けるニューロンには多数の興奮性シナプスと抑制性シナプスが接続しており，これらのシナプスを介して，多数のニューロンからの信号が統合される。

参考13.4　シナプスでの興奮伝達のしくみ

　軸索の末端の細胞質には，**神経伝達物質**を含む小胞があり，これを**シナプス小胞**という（図13·9）。興奮が軸索の末端まで伝わると，軸索の末端の細胞膜にある電位依存性 Ca^{2+} チャネルが開き，Ca^{2+} が細胞内に流入する。細胞内の Ca^{2+} 濃度が高まると，シナプス小胞が細胞膜に移動し，小胞の膜と細胞膜が融合して，エキソサイトーシスにより神経伝達物質がシナプス間隙に放出される。興奮の信号を受け取る側の細胞膜には神経伝達物質の受容体があり，受容体は伝達物質依存性イオンチャネルとしてはたらく。

　興奮性シナプスでは，**興奮性神経伝達物質**がシナプス間隙に放出される（図13·10）。受容体が興奮性神経伝達物質を受け取ると，Na^+ が流入して脱分極し，膜電位が閾値を超えると活動電位が発生する。抑制性シナプスでは，**抑制性神経伝達物質**が放出される。受容体が抑制性神経伝達物質を受け取ると，Cl^- が流入するか，K^+ が放出されるため，脱分極が起こりにくくなり，活動電位の発生が抑制される。興奮性伝達物質には，グルタミン酸，アセチルコリン，セロトニンがあり，抑制性神経伝達物質には γ-アミノ酪酸（GABA）やグリシンがある。

13章

環境応答

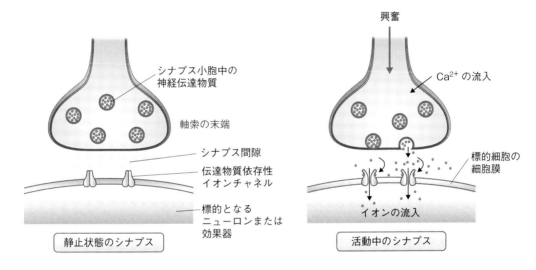

図13·9　シナプスの構造と興奮伝達

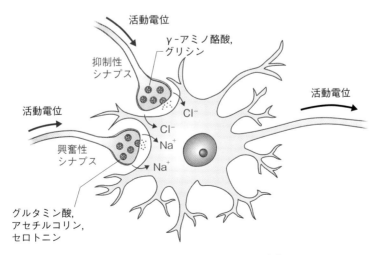

図13·10　シナプスによる情報の統合

コラム 13.4　シナプスにおけるチャネルの開閉の調節

　リガンド依存性チャネルに結合する神経伝達物質とチャネルとの結合は弱く，結合したり離れたりしている。神経伝達物質の濃度が低くなると，シグナル分子が結合しているチャネルの割合が低くなり，その結果，開いているチャネルの割合が下がる。シナプスでは，神経伝達物質は，伝達物質を分泌したニューロンに回収されるか，酵素によって速やかに分解される。神経伝達物質を瞬時になくすことにより，次の伝達に備えている。神経毒のサリンは，神経伝達物質のアセチルコリンと似た構造をしており，アセチルコリン分解酵素の活性を阻害する。そのため，シナプス間隙に放出されたアセチルコリンが存在し続けることになり，シナプスにおける情報伝達が阻害される。

13.4　中枢神経系

　神経系が発達した動物では，ニューロンが集まった**神経節**があり，特に大きな神経節を**脳**という。脊椎動物の脳は，前から後ろにかけて**大脳**，**間脳**，**中脳**，**小脳**，**延髄**に分けられる（図 13・11）。間脳，中脳，延髄をまとめて**脳幹**という。脳幹は生命維持に重要な機能をもつ。脊椎骨の中にある中枢神経系を**脊髄**という。

13.4.1　脳

　大脳は表層の**大脳皮質**と，その内側の**大脳髄質**に分けられる。大脳皮質は灰白色をしているため**灰白質**ともいい，細胞体が集まっている。大脳髄質は白色をしているため**白質**ともいい，軸索が集まっている。哺乳類の大脳皮質は**新皮質**と辺縁皮質に分けられ，ヒトでは新皮質が発達している。新皮質には感覚の中枢である感覚野と，随意運動の中枢の運動野，高度な精神活動の中枢の連合野がある。

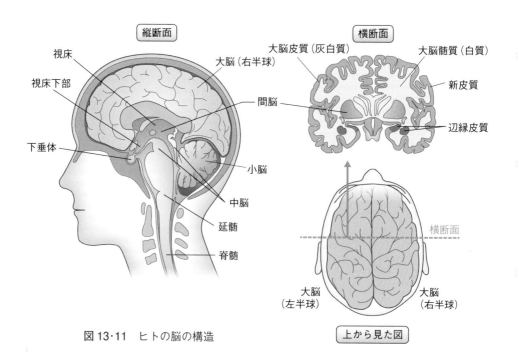

図 13・11　ヒトの脳の構造

間脳は視床と視床下部からなる。視床は嗅覚以外のすべての受容器からの信号を中継して大脳皮質に伝えるはたらきと，意識と感情の発現を調節するはたらき，運動機能を調節するはたらきがある。視床下部には自律神経系の中枢があり，下垂体とつながっている。中脳には瞳孔反射や姿勢の保持，小脳には体の平衡を保つ中枢があり，運動の熟練にかかわる。延髄には，血液循環，呼吸運動，消化器の運動と消化液の分泌の調節など，生命の維持に欠かせないはたらさがある。

13.4.2　脊　髄

　脊髄は，受容器，脳，効果器の中継としてはたらく。細胞体が髄質にあるため，髄質が灰白質，皮質が白質となっている。意識と無関係に刺激に反応することを**反射**といい，脊髄は反射の中枢としてもはたらく。反射の経路を**反射弓**といい，受容器→感覚神経→反射中枢→運動神経→効果器の経路で伝わる（図13·12）。膝下の膝蓋腱をたたくと足先が跳ね上がる膝蓋腱反射などがある。光が眼に入ると瞳孔が小さくなる瞳孔反射などは，脳幹が反射中枢となる。

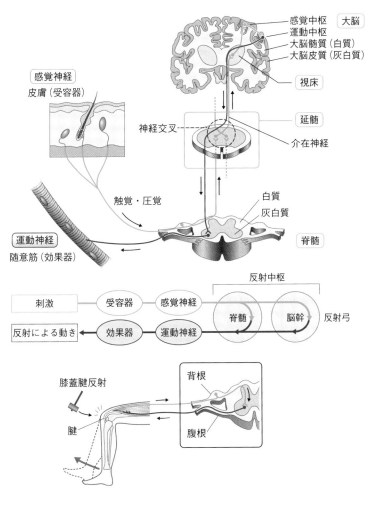

図13·12　大脳・脊髄・受容器・効果器を結ぶ感覚神経と運動神経

13.4.3　学　習

　経験によって新しい行動を示すことを**学習**という。学習にはシナプスの接続がかかわる。何回も同じ刺激を受けると、やがて反応しなくなる。これを**慣れ**という。ある反応を誘発する刺激が繰り返されると、その反応が増大する現象を**鋭敏化**という。慣れは、感覚ニューロンの軸索の末端から放出される興奮性神経伝達物質の量が減り、シナプスの伝達効率が低下することによる。鋭敏化は、シナプスが増強され、シナプスの伝達効率が亢進することによる。学習は慣れと鋭敏化によって成り立っている。

コラム 13.5　記憶のしくみの解明に貢献したアメフラシ

　慣れや、ある刺激を受けると次に起こる環境の変化を予測して対応する鋭敏化は、**記憶**と表現することができる。脊椎動物の神経系は数多くのニューロンで構成されており、複雑なため記憶のしくみを解明することが困難であった。軟体動物のアメフラシの神経系は、少ない数のニューロンで構成されているにもかかわらず刺激に対して応答し、刺激を記憶する。また、個々のニューロンも大きいため実験に適している。アメリカのカンデルはアメフラシを使ってシナプスの接続が記憶にかかわることを解明し、2000 年にノーベル生理学・医学賞を受賞した。

13.5　神経系による骨格筋の運動調節

　脊椎動物の骨格に結合して、体の姿勢の維持や運動にかかわる筋肉を**骨格筋**という。自分の意思で体を動かせるのは、大脳が骨格筋の動きを調節しているからである。

13.5.1　骨格筋の構造

　骨格筋は、**筋繊維**とよばれる細長い構造が束になって構成されている（図 13·13）。筋繊維は 1 個の**筋細胞**でできており、骨格筋の筋細胞は多数の筋芽細胞が融合した長く巨大な多核細胞である。筋細胞の細胞質には、多数の繊維状構造の束があり、この繊維状の構造を**筋原繊維**という。筋原繊維は筋細胞の長軸に沿って並んでいる。骨格筋は筋原繊維が短くなることにより収縮する。筋原繊維は、明るい部分と暗い部分が交互に連なっており、縞模様に見える。明るい部分をを**明帯**、暗い部分を**暗帯**といい、縞模様がある筋肉を**横紋筋**という。明帯の中央には仕切りの役割をもつ **Z 膜**があり、Z 膜と Z 膜の間の構造が収縮の基本単位である。この単位を**サルコメア**という。

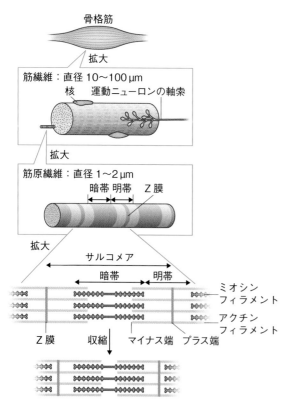

図 13·13　骨格筋の構造

13.5.2　筋収縮のしくみ

　サルコメアのZ膜には，多数のアクチンフィラメントの先端が結合しており，アクチンフィラメントは，ブラシの毛のように束になっている。Z膜に結合しているのは，アクチンフィラメントのプラス端側である。サルコメアは，2つのブラシの毛が向かい合うような構造になっており，サルコメアの左右のアクチンフィラメントの方向は反対を向いている。アクチンフィラメントとアクチンフィラメントの間には，ミオシンが束になった**ミオシンフィラメント**が入り込んでいる（図13·13）。

　筋収縮は，アクチンフィラメント上をモータータンパク質のミオシンが移動することによって起こる（☞ p13）。ミオシンはアクチンフィラメントに結合する頭部と，細長い尾部からなり，尾部の部分で会合してミオシンフィラメントを形

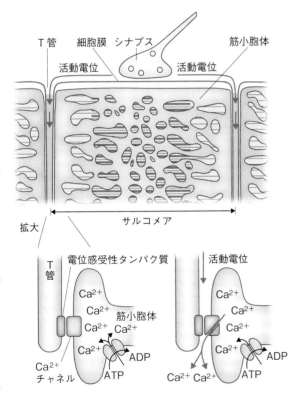

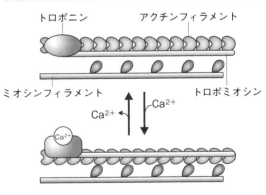

図13·14　Ca^{2+}による筋収縮の調節

参考13.5　筋　肉
　筋肉は，**横紋筋**と**平滑筋**，あるいは**随意筋**と**不随意筋**に分けられる。骨格筋と心筋は横紋筋であるが，骨格筋は随意筋であり，心筋は不随意筋である。平滑筋は不随意筋であり，消化管や血管にある。消化管の筋肉の中でも，舌や咽頭には随意筋の横紋筋がある。横隔膜や食道の横紋筋は不随意筋である。

参考13.6　Ca^{2+}による収縮の調節
　Ca^{2+}濃度が低いときは，アクチンフィラメントは**トロポミオシン**とよばれるタンパク質で覆われているため，ミオシンフィラメントはアクチンフィラメントにアクセスすることができない。ミオシンフィラメントとアクチンフィラメントの結合には，**トロポニン**とよばれるタンパク質とCa^{2+}がかかわっている。トロポニンはトロポミオシンとアクチンに結合している。トロポニンにCa^{2+}が結合するとトロポニンの立体構造が変わり，トロポミオシンの位置がずれる。その結果，ミオシンがアクチンフィラメントにアクセスできるようになり，収縮する。トロポニンとCa^{2+}の結合力は弱く，Ca^{2+}が**筋小胞体**に取り込まれると，Ca^{2+}がトロポニンから遊離し，ミオシンがアクチンフィラメントに結合できなくなり，弛緩する（図13·14）。

成している。ミオシンの頭部は，ミオシンフィラメントの中央を境にして反対向きに配置されており，左右のミオシンがそれぞれアクチンフィラメントのプラス端に向かって移動すると，サルコメアが収縮する。サルコメアの長さは短くなるが，アクチンフィラメントとミオシンフィラメントの長さは変わらない。

13.5.3　運動ニューロンの刺激による筋収縮

運動ニューロンの興奮がシナプスを介して筋細胞の細胞膜に伝達されると，筋細胞の細胞膜が興奮する。骨格筋の筋細胞の細胞膜は，細胞の内部に向かって管状に陥入しており，この管状の構造を**T管**という（図13·14）。T管は筋小胞体に接しており，筋細胞の細胞膜の興奮がT管に到達すると，筋小胞体のカルシウムチャネルが開いて，筋小胞体からCa^{2+}が放出される。細胞質のCa^{2+}濃度が高まると，アクチンフィラメントとミオシンが結合できるようになり，ATPのエネルギーを用いて収縮する。運動ニューロンからの刺激が来なくなると，**カルシウムポンプ**による能動輸送によりCa^{2+}が筋小胞体に取り込まれ，筋細胞は弛緩する。

13.6　植物の環境応答

植物も，光や重力などの刺激を受けると根や茎が曲がったり，明暗の長さを感じて花芽をつけたり，環境に応答する。

13.6.1　屈　性

根や茎などが，一定方向から来る刺激に対して特定の方向に屈曲する反応を**屈性**という。刺激が来る方向に曲がる性質を正の屈性といい，反対方向に曲がる性質を負の屈性という。屈性を引き起こす刺激として光，重力，接触，水，化学物質などがある。光に応答する屈性を**光屈性**，重力に応答する屈性を**重力屈性**という。屈性による屈曲は細胞の成長を伴う。細胞の成長の調節には**植物ホルモン**の**オーキシン**の濃度がかかわる。

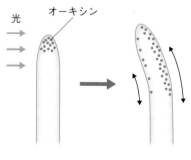

図 13·15　光屈性

参考 13.7　光屈性のしくみ

オーキシンは茎の先端部で合成され，下降して細胞の伸長を促進する。茎の先端部は盛んに細胞分裂をしており，小さな細胞が積み重なって茎が伸びる。また，先端部で合成されるオーキシンが下降すると，オーキシンに応答して細胞の縦方向の伸長が促進される。茎の片側から光が当たると，フォトトロンビンとよばれる光受容体が光の刺激に反応し，細胞膜にあるオーキシン輸送タンパク質の分布が細胞の陰側に片寄る。その結果，オーキシンは茎の陰側に輸送され，そのまま下降する（図13·15）。光が当たった側はオーキシン濃度が低下するため細胞の伸長が抑制され，陰側の細胞は伸長が促進されて，光の方向に屈曲する。

参考 13.8 重力屈性のしくみ

植物の細胞には，重力の方向にオーキシンを輸送するしくみがある。そのため，植物体を光の影響を受けない暗所で水平に置くと，オーキシンの濃度は，茎も根も下側の部分が高くなる。茎は負の重力屈性を示し，根は正の重力屈性を示すのは，茎と根では細胞の成長を促進するオーキシンの最適濃度が異なるからである。茎の細胞は高濃度のオーキシンで成長が促進されるが，根の細胞は抑制され，低濃度で促進される（図 13.16）。そのため，茎では下側の細胞の成長が促進され，上に向けて屈曲し，根では下側の細胞の成長が抑制され，上側の細胞の成長が促進されるため，下に向けて屈曲する。

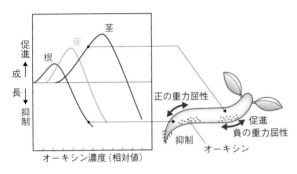

図 13.16　重力屈性

光屈性は，細胞に当たる光の量によって，細胞の成長速度が異なるために起こる。植物の茎の細胞は，光が当たる側よりも，当たらない側の成長が速い。そのため，光の方向に屈曲する。暗所に植物体を水平に置くと，茎は重力側（下側）が反対側（上側）よりよく成長するため，負の重力屈性を示す。根は，上側が下側より成長が速いため正の屈性を示す。

13.6.2　花芽形成の調節

春に咲く花もあれば，秋に咲く花もある。花芽の形成には，光や温度が関係している。冬から春にかけて日が長くなり，夏から秋にかけて日が短くなる。生物が日長に反応する性質を**光周性**という。日が長くなると花芽をつける植物を**長日植物**といい，日が短くなると花芽をつける植物を**短日植物**という。実際は，光周性をもつ植物は連続した暗期を認識している。途中で短時間でも光を照射すると，暗期を短くした場合と同じ応答をする。花芽を形成するかしないかの境目となる連続暗期の時間を**限界暗期**といい，植物の種によって決まっている。日長に関係せず，成長すると花芽をつける植物を**中性植物**という。

長日植物にはアブラナやカーネーションがある。短日植物にはアサガオやキクがある。中性植物にはトマトやトウモロコシがある。

参考 13.9　花芽形成のしくみ

光周性のある植物では限界暗期を超えると，フロリゲンとよばれるタンパク質が葉で合成される。フロリゲンは茎の先端に運ばれ，花芽の分化にかかわる遺伝子を発現させる。中性植物は日長にかかわらず成長するとフロリゲンが合成される。

参考 13.10　温度による花芽形成の調節

低温にさらされることが花芽をつけるのに必要な植物もある。秋にコムギの種子をまくと，春に花芽を形成する。春に種子をまいても成長するが花芽をつけない。しかし，人工的に植物を一定時間，低温にさらすと年内に花芽をつける。

13.6.3　休　眠

　発生過程で一時的に成長や活動が停止することを**休眠**という。代謝を停止して，環境が良くなるまで耐える。種子が形成された後，1年～2年間発芽しない植物がある。これを**種子休眠**という。発芽すると，温度や乾燥などの環境に対する抵抗性が低くなる。種子休眠により，生存に適さない環境のリスクを分散させ，種の生き残りの可能性を高めることができる。

　コラム 13.6　2000 年間休眠したハスの種子

　多くの植物の種子の寿命は2年～4年であるが，非常に長い寿命をもつ種子もある。1951 年に，千葉県の検見川遺跡の泥炭層から，約2000 年前のハスの種子が3個発掘され，そのうちの1つが発芽し成長して花をつけ，種子が形成された。

13.6.4　発　芽

　光刺激を必要とする発芽を**光発芽**という。水や温度などの条件が整っていても，光の刺激がなければ発芽しない種子を**光発芽種子**といい，レタスなどがある。光がないところで発芽すると，光合成ができず枯死する可能性があり，これを回避するしくみと考えられる。光のない暗所で発芽する，あるいは，光があると発芽しない種子を**暗発芽種子**といい，乾燥地に生育するカボチャなどがある。乾燥地では，光の届く地表には水分がなく発芽に適さないが，光が届かない地中は水分がある。暗発芽種子は大型で種子に栄養分を蓄えており，光合成をしなくても芽を地表まで伸ばすことができ，根を水分の多い地中まで伸ばすことができる。

　参考 13.11　光発芽のしくみ

　葉は 700 nm よりも短い波長の赤色光や青色光を吸収する。そのため，樹木が生い茂った森では，700 nm よりも短い波長の光は地面に届きにくい。一方，光合成に適していない 700 nm よりも長い遠赤色光は届く。遠赤色光を受け取った光発芽種子は，光合成ができない環境にあると認識し，発芽が抑制される。

　光発芽種子は，波長 660 nm 付近の赤色光により発芽が促進され，波長 730 nm 付近の遠赤色光では発芽が抑制される。実験的に赤色光と遠赤色光を交互に照射した後，種子を暗所に置くと，最後に照射された光に応答することがわかる。光発芽にはフィトクロムとよばれる光受容体がかかわる。遠赤色光を吸収したフィトクロム（Pr 型）は不活性であるが，赤色光を吸収すると活性型（Pfr 型）になり，核の中に入って発芽にかかわる遺伝子の発現を促進する（図 13·17）。

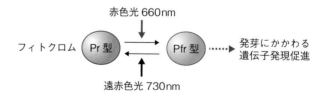

図 13·17　光とフィトクロムによる発芽遺伝子発現調節

14章　生命を支える地球環境

　生物は同種の個体と個体，異なる種と種がかかわり合いながら生きている。生物間や環境との相互作用について学ぼう。

14.1　環境と生態

　生物の活動に影響を及ぼす要因を環境という。環境には，光や温度，水，大気，土などの**非生物的環境**と，生物が生物に影響を及ぼす**生物的環境**がある。ある場所に生育している植物の集団を**植生**という。植生は環境によって異なる。

14.1.1　植生に影響を及ぼす光の強さ

　光は光合成に必要であるが，強すぎる光は植物に害をもたらす。植物の種によって光の強さに対する耐性は異なり，光合成に最適な光の強さも異なる。強い光の下で速く成長する植物を**陽生植物**といい，陽生植物の樹木を**陽樹**という。強い光の下では幼木の生育が阻害されるが，弱い光でも生育できる植物を**陰生植物**といい，陰生植物の樹木を**陰樹**という。光の下で植物は，光合成をするが呼吸もする。光合成による二酸化炭素の吸収速度と，呼吸による二酸化炭素の放出速度が等しくなる光の強さを**光補償点**という（図14・1）。光が強くなると，光合成速度が増加するが，光の強さが一定以上になると，それより強くなっても光合成速度は大きくならない。このときの光の強さを**光飽和点**という。陽生植物の光飽和点と光補償点は，陰生植物より大きい。森林の地面を**林床**という。森林の最上部は強い光が当たるが，林床は光がわずかしか届かない。そのため，林床では陰生植物は成長するが，陽生植物は生育できない。

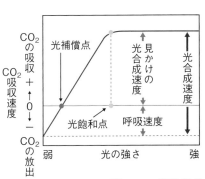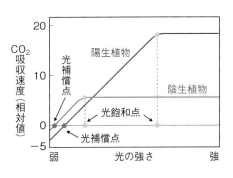

図14・1　陽生植物と陰生植物の光合成速度

14.1.2　遷　移

　植生は，生物の相互作用により，時間とともに徐々に変化する。これを**遷移**という（図 14·2）。火山活動により海中に出現した島や，大規模な地滑りによってできた裸地など，生物が存在したことのない地面に生物が進入して遷移が起こることを**一次遷移**という。最初は土壌がないため，生物にとって過酷な条件であるが，菌類と藻類が共生した地衣類や，乾燥に強いコケ植物が進入し生育する。裸地に最初に進入する植物を**先駆植物**という。先駆植物の活動により土壌ができると，水分を保つことができるようになり，やがてヨモギやススキが進入し，草原が形成される。次に，低木が進入し生育すると，落ち葉により土壌が発達して保水力が高まり，高木となる樹木が進入できるようになる。始めは強い光が土壌に当たるため，アカマツなどの陽樹が森を形成する。葉が生い茂り，林床に届く光が少なくなると，陽樹の幼木は育たなくなるが，シラカシなどの陰樹は育つ。やがて老化した陽樹は駆逐され，陰樹を中心とする陰樹林が形成され，植生は安定する。安定した植生を**極相**という。一次遷移により極相に達するには 1000 年以上かかるといわれている。極相の森林でも，枯死などにより樹木が倒れると，大きな空間ができて林床に強い光が届く。この明るい空き地をギャップといい，陽樹の幼木も生育できるようになる。極相の陰樹林に陽樹が混じるのはギャップによる。森林火災などにより，植生の大部分が失われても，土壌には種子や根が残っている。このような状態から始まる遷移を**二次遷移**といい，速く進む。

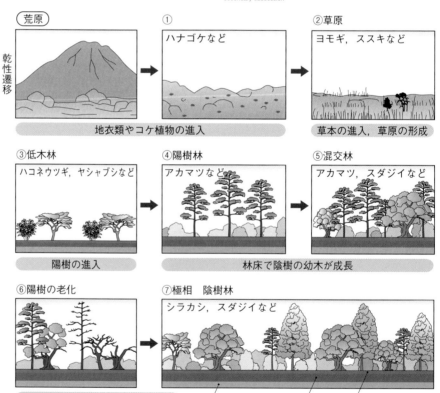

図 14·2　遷　移

14.2 生 態 系

　ある地域にすむすべての生物と，その地域の非生物的環境をまとまりとしてとらえたとき，これを**生態系**という。生態系では，環境が生物に影響を与えるとともに，生物も環境に影響を与えている。生物が非生物的環境から受ける影響を**作用**といい，生物が非生物的環境に及ぼす影響を**環境形成作用**という。

ハチ
（四次消費者）

クモ
（三次消費者）

テントウムシ
（二次消費者）

アブラムシ
（一次消費者）

アブラナ
（生産者）

図 14・3　食物連鎖

14.2.1　生産者と消費者

　生態系において，無機物から有機物をつくりだす生物を**生産者**という。生産者には光合成を行う植物や藻類がある。動物のように，有機物を取り入れ，異化によりエネルギーを取り出して生命活動を行う生物を**消費者**という。消費者のうち，遺体や排出物を分解してエネルギーを得る細菌や菌類などを，特に**分解者**という。

　植物は草食動物に食べられ，草食動物は肉食動物に食べられる。消費者のうち，生産者を食べる動物を一次消費者といい，一次消費者を食べる消費者を二次消費者，二次消費者を食べる消費者を三次消費者という。このような食う・食われるの一連の関係を**食物連鎖**という（図 14・3）。実際には食物連鎖は一続きでなく，網の目のように複雑な関係になっている。これを**食物網**と表現する。

　生態系における個体数や生物量は，生産者が最も多く，高次の消費者になるほど少なくなる。生産者を底辺に，一次消費者からn次消費者までを積み上げるとピラミッド型になるため，これを**生態ピラミッド**という（図 14・4）。生産者からn次消費者までの各段階を**栄養段階**といい，n数が大きいほど，栄養段階が高いという。

生物量ピラミッド（%）

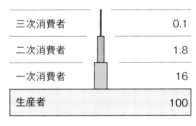

三次消費者	0.1
二次消費者	1.8
一次消費者	16
生産者	100

図 14・4　生態ピラミッド

14.2.2　物質循環とエネルギーの流れ

　生産者は，太陽のエネルギーを利用して無機物から有機物を合成し，消費者は有機物を分解して無機物にする。無機物は再び生産者により有機物にされ，物質は循環する。

　炭素は有機物の骨格となる元素であり，重量として有機物の約半分を占める。大気や水に含まれる二酸化炭素は，生産者により吸収され，有機物となる。有機物は生産者自身や消費者によって分解され，二酸化炭素となって大気や水に戻る。**炭素循環**により二酸化炭素濃度は一定に保たれているが，近年は化石燃料の大量消費により大気中の二酸化炭素濃度が高くなり，温室効果の原因の1つとなっている（図 14・5）。

14
章

生命を支える地球環境

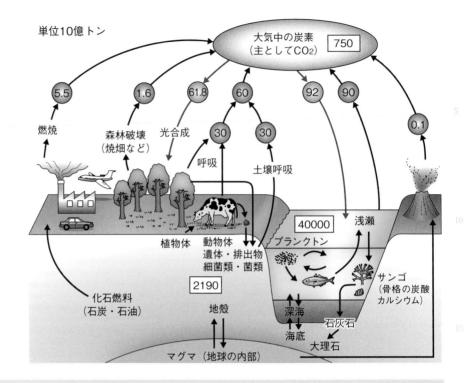

図 14·5　炭素の循環

単位10億トン

大気中の炭素
（主としてCO₂）　750

5.5　燃焼

1.6　森林破壊（焼畑など）

61.8　光合成

60

30　呼吸

30　土壌呼吸

92　浅瀬

90

0.1

植物体

動物体
遺体・排出物
細菌類・菌類

40000　プランクトン

2190　地殻

化石燃料（石炭・石油）

サンゴ（骨格の炭酸カルシウム）

深海

海底

石灰石

大理石

マグマ（地球の内部）

参考 14.1　炭素の分布
　地球表面の炭素のうち 93% が二酸化炭素として海水に溶けており，陸地に約 5%，大気には 2% が存在する。

　窒素はタンパク質や核酸を構成する元素であり，生態系に重要な役割を果たしている。生産者は硝酸イオンなどの無機窒素化合物を吸収して（☞ p38），アミノ酸や核酸などの有機窒素化合物を合成する。有機窒素化合物は消費者により分解されて，無機窒素化合物となり，非生物的環境に戻る（図 14·6）。窒素は生態系を循環しており，これを**窒素循環**という。
　　　　　nitrogen cycle

　生産者が太陽の光エネルギーを利用して合成した有機物には，化学エネルギーが蓄えられている。有機物の化学エネルギーは生産者自身の生命活動に使われるとともに，一次消費者に使われ，二次消費者，三次消費者によって使われる。生産者や，一次消費者から三次消費者までの遺体がもつ化学エネルギーも分解者によって利用される。有機物の化学エネルギーは生命活動に用いられる際に，一部は熱エネルギーとして放出され，最終的にはすべて熱エネルギーとなって宇宙に放散される。エネルギーは循環しない（図 14·7）。

参考 14.2　窒素の循環
　窒素は地球上の生物に約 40 億トン存在し，遺体や土壌に約 6,000 億トンある。大気と水に含まれる N₂ は約 40,000,000 億トンあるが，ほとんどの生物は利用できない。生物が利用できる無機窒素化合物は，落雷などの放電により大気の N₂ から窒素にして年間 0.2 億トン，植物の根に共生する根粒菌が合成するアンモニウムイオンにより 2 億トン，工業的に N₂ から合成される無機窒素肥料により約 0.8 億トンが供給されている。一方，**脱窒素細菌**が土壌の硝酸イオンを N₂ に変え，大気に戻している。これを**脱窒**といい，年間 2.6 億トンの窒素が大気に戻っている。
　　　　　　　　　　　　　　　　　　　　　denitrifying bacteria
　　　　denitrification

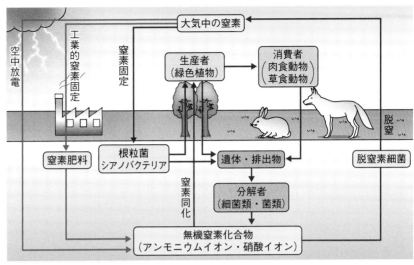

図 14·6 窒素の循環

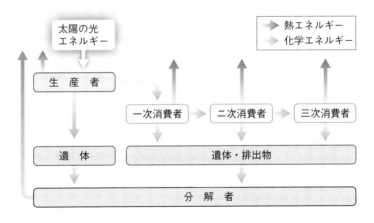

図 14·7 生態系におけるエネルギーの流れ

14.3 個体間の相互作用

ある一定地域で,互いに影響を及ぼし合う同種の個体のまとまりを,**個体群**という。個体群の個体間には,食物や繁殖をめぐる競争などのさまざまな関係がある。

14.3.1 個体群内の相互作用

生物が互いに影響を及ぼし合うことを**相互作用**という。同じ動物種の個体同士が摂食や生殖において継続して相互作用をしている場合,その関係を**社会性**という。同じ種の動物が集団で統一のとれた行動をする場合,この集団を**群れ**という。群れをつくることにより,捕食者などの外敵を早く発見したり,食物を効率よく

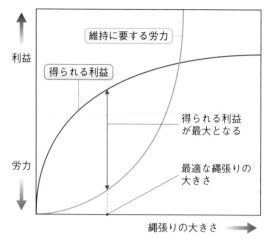

図 14·8　縄張りの最適な大きさ

発見したりすることができる。また，求愛や育児などの繁殖活動が容易になる。一方，食物を奪い合うなどの種内競争が起きたり，伝染病にかかりやすくなったりする不利益もある。群れには，利益と不利益がつりあう最適な大きさがあり，最適な大きさは，外敵の有無や食物の量などの環境によって変わる。

　動物の個体が同種の他個体，またはある群れが同種の他の群れを排除して一定の領域を占有することがある。この領域を**縄張り**という。縄張りにより，食物や交配相手を確保できる利点がある。縄張りが大きくなると，得られる食物は多くなるが，縄張りを守る労力が増える。縄張りは，得られる利益から，縄張りを守る労力を差し引いた値がプラスになるところで成立し，その値が最大になる面積が最適な縄張りの大きさとなる（図14·8）。

　群れの中では，個体に優劣関係ができることで，劣位の個体が優位の個体からの攻撃を和らげる行動をとり，無駄な争いをなくすことが多い。この関係を**順位制**という。順位の高い個体ほど交配相手を見つけやすい。

　ミツバチやアリは，コロニーとよばれる集団を形成して生活しており，**社会性昆虫**とよばれる。コロニーの中で生殖を行うのは1個体だけであり，他の個体は，採食や巣づくり，育児などを行う。

14.3.2　異なる種間の相互作用

　同じ地域に生息する異なる種の間には，生存をめぐる競争や共存など，さまざまな関係がある。異種間の競争を**種間競争**という。動物には，食う・食われるの関係があり，食べる方を**捕食者**，食べられる方を**被食者**という。捕食者が被食者を食べると，被食者の数が減る。被食者の数が減ると，捕食者の食物が少なくなり，捕食者の数が減る。捕食者の数が減ると，被食者が増える。このように，捕食者と被食者の数は周期的に変動しながら，一定の範囲内に収まっている。植物にも，光や栄養塩類，水などをめぐる種間競争があり，そのため遷移が起こる。

　異なる種が一緒に生活することにより，互いに，または片方が利益を受けることがある。これを**共生**という。草食動物は草に含まれるセルロースをエネルギー源としている。動物はセルロースを分解することができないが，共生する腸内細菌がセルロースをグルコースに分解する。草食動物は，そのグルコースをエネルギー源としている。腸内細菌は，腸内にいることで安定した環境を得ている。片方は利益を受けるが，もう片方は不利益を受ける関係を**寄生**という。

　生物は環境の中で，生活空間や食物，配偶者の確保などで，ある位置を占めている。ある種が生活するための環境条件のことを**ニッチ**（生態的地位）という。ニッチには，非生物的環境のほか，植生や食物，競争者などが含まれる。

コラム 14.1　人間社会の共存と競争

　人間も生物であり，生物の法則の中で生きている。電車の座席が空けば，誰かがそこに座る。誰かが退職すれば，そのポストに誰かが就く。これらは，ニッチをめぐる争いととらえることができる。略奪，詐欺はたやすく富（栄養やエネルギー源）を得る方法であり，侵略は縄張りを拡大して安定的に富を得る方法である。富の集中は，合法的非合法的にかかわらず他者からの搾取によりもたらされている。極度の富の集中は社会のバランスを崩す。人類の長い歴史の中で，戦争，国の崩壊，維新が繰り返されてきた。生物学の視点で社会をとらえると，その根本的な原因がわかる。平和で安定な社会を維持し，共存するには，生物学の視点で考えるとよい方策が見つかるかもしれない。

14.4　人間の活動による環境への影響

　環境の変化や種間競争により，生態系の個体や生物種の数は常に変化しているが，一定の範囲内に収まっている。たとえば，山火事による森林の消失や，河川の氾濫で生物が流出するような大きな変化があっても，やがて生態系はもとの状態に戻る。これを生態系の復元力という。生態系は，多くの生物種の相互作用によって成り立っているため，環境の変化を吸収することができる。しかし，生態系の復元力を超える変化が生じると，環境の変化が連鎖的に起き，もとに戻れなくなり，生物の絶滅につながる。人間の活動により，環境は大きな影響を受けている。復元できないほど環境が変化すると，人間の生活も危ぶまれる。

14.4.1　自然浄化と富栄養化

　生活排水には腐敗の原因となる有機物などが含まれているが，微生物によって無機物に変えられる。これを**自然浄化**という。しかし，大量の有機物が河川に流入すると，腐敗により無酸素状態になり，硫酸塩還元菌が増殖して有毒な硫化水素が発生する。このような環境では，魚などの生物は生息できない。

　有機物が分解されると，窒素やリンを含む栄養塩類が生じる。水に含まれる栄養塩類が多くなることを**富栄養化**という。富栄養化した湖では，シアノバクテリアが大量に発生してアオコが生じ，海では赤い色素をもつプランクトンが大量に発生して赤潮が生じる。大量に発生した微生物が死んで分解されると，酸素が大量に消費されて酸欠となり，魚介類が死滅する。

コラム 14.2　アオコとワカサギ

　1970 年代に長野県の諏訪湖に流入する栄養塩類が増え，アオコが大量に発生するようになった。栄養塩類を除去する浄化槽を整備したところ，アオコの発生は収まったがワカサギの漁獲量が減った。栄養塩類の濃度が低下したため，ワカサギの食物となるプランクトンが減少したためと考えられる。

14.4.2　生物濃縮

　かつて人間活動により，有毒な有機水銀や PCB（ポリ塩化ビフェニル）が放出されたことがある。これらの物質は代謝されないため脂肪に蓄積されやすく，食物連鎖を経て高次の栄養段階にある動物の生体内に高度に濃縮される。これを**生物濃縮**という。
biological accumulation

参考 14.3　PCB の生物濃縮

　湖水に流出した PCB が，植物プランクトンに濃縮され，それを食べた動物プランクトンでは 500 倍に濃縮され，さらに動物プランクトンを食べる魚では 280 万倍，魚を食べるカモメでは 2500 万倍に濃縮されていた例がある。人間は最も栄養段階が高い生物であり，生物濃縮の影響を受けやすい。

14.4.3　温室効果

　大気中の二酸化炭素は，地球表面の赤外線を吸収するため，熱エネルギーの大気圏外への放出が妨げられ，気温が上昇する。これを**温室効果**という。二酸化
greenhouse effect
炭素濃度は産業革命前の 1750 年は 280 ppm だったが 2013 年には 400 ppm を超え，1880 年から 2012 年の間に世界平均気温は 0.85℃ 上昇している（図 14·9）。二酸化炭素以外にも，メタン，一酸化二窒素，フロンも温室効果があり，これらを**温室効果ガス**という。気温の上
greenhouse effect gas
昇により海水が膨張し，1901 年から 2010 年の間に海面が 19 cm 上昇した。2011 年の段階で 2050 年には 32 cm も上昇すると予想されており，水没する地域もある。気温が上昇すると，大気に含まれる水蒸気の量が多くなり（図 14·10），豪雨の原因にもなる。また気温の上昇は異

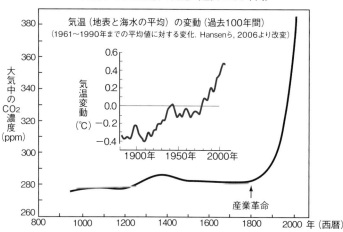

大気中のCO₂濃度の変動（過去1200年間）

気温（地表と海水の平均）の変動（過去100年間）
（1961〜1990年までの平均値に対する変化. Hansenら, 2006より改変）

永久凍土に閉じこめられた大気のCO₂濃度を測定したもの. 1958年以降は，これとハワイマウナロア観測所の直接測定データを加えている. 産業革命, 石炭, 石油の利用の開始などが鋭敏に反映されている.（IPCC資料1996と気象庁のホームページ http://ds.data.jma.go.jp/ghg/kanshi/ghgp/co2_trend.html を参考に作図）

図 14·9　地球の温暖化（大気中の CO₂ 濃度と気温の変動）

常乾燥をもたらし，年に 6 万 km² も砂漠が拡大している。大気中の二酸化炭素の濃度が増加すると，二酸化炭素が海水に溶け込み，海水の酸性化をもたらす。1750 年から 2012 年の間に，表面海水 pH が全海洋平均で 0.1 低下しており，現在では 10 年あたり 0.018 のペースで低下し続けている。炭酸カルシウムを骨格とする海洋生物に影響が出始めており，サンゴの白化や，貝やウニの成長の抑制が報告されている。

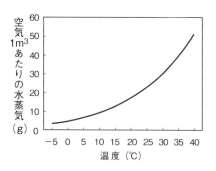

図 14·10　飽和水蒸気量を表す曲線

14.5 生物多様性

地球上には多様な生物が生息している。生物が多様であることを生物多様性という。

14.5.1 生物多様性の段階

生物多様性には遺伝的多様性，種多様性，生態系多様性の３つの段階がある。
同じ種の同じ遺伝子でも，個体や個体群ごとに遺伝子の塩基配列が少しだけ異なることが多い。同じ種内での遺伝子の塩基配列の多様性を**遺伝的多様性**という。遺伝的多様性があれば，環境が変化しても適応して生存する可能性が高まる。

生態系には細菌，動植物などさまざまな生物種が含まれており，これを**種多様性**という。種多様性は生態系に含まれる種の多さと割合で表される。種の数が多く，種ごとの個体数が同じ割合で存在するほど種多様性は高くなる。

生態系は，荒原や草原，森林，河川，海洋などさまざまである。さらに海には干潟や岩場，潮間帯，深海などがあり，森林では，降水量や気温などにより，熱帯雨林や針葉樹林などがある。多様な生態系が存在することを**生態系多様性**という。生態系多様性が高ければ，生息する生物も多様になる。

14.5.2 生物多様性に影響を与える要因

山火事や洪水，人間の活動などが生態系に大きな影響を与えることがある。これを**かく乱**という。生態系の復元力を超えるような大規模なかく乱が生じると，種多様性が低下する。一方，かく乱が起きないと，種間競争に強い種だけが残り，種多様性が低くなる。適度なかく乱が起きると，種間競争に弱い種も生息する機会が得られ，多様性が維持される。中規模のかく乱が生物多様性を維持するという考えを，**中規模かく乱説**という（図 14·11）。

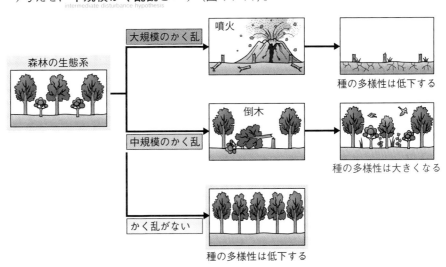

図 14·11 中規模かく乱と種の多様性の維持

たとえば，陰樹からなる極相林で陰樹が倒れると，ギャップができ，陽樹が生育できるようになり，種の多様性が増す。

14.5.3　外来生物の移入

人間の活動により，本来生息していた地域から別の地域に移され，そこで定着した生物を**外来生物**とよぶ。移入先の生態系に，外来生物の捕食者がいなかったり，外来種が在来種を捕食したり，外来生物がもち込んだ病原体に対する抵抗力が在来種になかったりすると，在来種が駆逐され，種多様性が損なわれる。また，外来生物が在来種と交雑をして子孫を残すと，在来種の遺伝的固有性がかく乱される。ヨーロッパから持ち込まれたセイヨウタンポポは，在来種より繁殖力が強く，在来種と雑種をつくるため，日本固有のタンポポの個体数が減少している。

14.5.4　絶　滅

生物種が子孫を残すことなく消滅することを**絶滅**という。絶滅は環境の変化や，人間活動によって引き起こされる。ある生物が生息する地域があるとする。道路などで生息地が分断されると，分断された生息地の面積は縮小される。これを生息地の**分断化**という。分断化されると，他の地域の個体群から孤立し，個体数の少ない集団になる。個体数が少なくなると近親交配が起きやすくなり，遺伝的多様性が低くなる。また，有害な潜性遺伝子のホモ接合体が生じやすくなり，表現型として現れる。これを**近交弱勢**という。これらの要因により個体数はさらに減少し，絶滅の渦に巻き込まれる。個体数が少なく，絶滅の恐れがある種を**絶滅危惧種**といい，それらの生物種のリストを**レッドリスト**という。

14.5.5　生物多様性の保全

私たちは生態系から様々な恩恵を受けており，この恩恵を**生態系サービス**という。多様な生物はそれぞれ，生態系の復元の役割も果たしている。生態系の生物種が多様であれば，生態系は安定し，環境が維持される。生態系サービスを享受し続けるには生物多様性を保全する必要がある。

参考 14.4　DNA バーコーディングとメタゲノミクス

ゲノム科学が進み，多くの生物種のゲノムのデータベースが充実してきた。種名がわからない生物の DNA を，データベース上の既に知られている種の DNA と照合することで，種を同定する技術を **DNA バーコーディング**といい，検索に使われる塩基配列を DNA バーコードとよぶ。DNA バーコードは多くの生物で共通して使用できる配列である必要があり，動物ではミトコンドリア *COI* 遺伝子，植物では葉緑体 *rbcL* 遺伝子や *matK* 遺伝子が用いられる。

環境から直接 DNA を採取して，次世代シーケンサーで塩基配列を解析し，ゲノムのデータベースと照らし合わせると，生物種の形態を観察・解析することなく，その環境にどのような種が生息しているのか知ることができる。この手法を**メタゲノミクス**という。生きている生物がいなくても，生物の皮膚からはがれた細胞や，分散した遺骸などからも DNA を得ることができ，短時間で種を同定することができるため，生態学の解析法が飛躍的に進歩した。海水を採取してメタゲノミクスを行えば，その海域に生息する生物種のすべてを知ることができる日も近いと期待されている。

15章 生物の系統分類と進化

地球上の生物は多様であるが，たった1つの共通祖先から進化してきた。そのため，生物には共通性がある。共通性にもとづいて，生物をグループに分けることを分類という。生物はどのように誕生し，進化したのだろうか。

15.1 生命の誕生

タンパク質とRNA，DNAは同時期に化学進化（☞ p4）によって生じたが，タンパク質はRNAの情報に依存せずにランダムにアミノ酸が重合して生じ，RNAはDNAの塩基配列に依存せずにランダムにヌクレオチドが重合していた。このような重合体には情報や機能はないが，酵素活性をもつRNAが生じることがある。酵素活性をもつRNAを**リボザイム**という。タンパク質は自己複製の鋳型になれないが，RNAは鋳型となる。RNAを複製する活性をもつリボザイムが生じると，特定の塩基配列をもつRNAが再生産され，特定の有用な酵素活性をもつRNAが安定供給されるようになった。最初の代謝系は脂質の膜に包まれていない開放系であったが，粘土鉱物が高分子の脂質の中への取り込みを促進し，脂質小包の中に代謝系が生じた。間欠泉のような，あるいは，潮の満ち引きがある熱水フィールドで脱水濃縮と水和のサイクルが繰り返されると，小胞が融合して小胞の中の高分子が蓄積され，自己複製が可能な代謝系が構築されて，原始生命体が生じた。

RNAの遺伝情報をもとに自己複製と代謝を担う世界を**RNAワールド**という（図15·1）。やがて，RNAの塩基配列の情報をもとにタンパク質を合成するようになり，さらに，RNAより安定なDNAを鋳型にRNAが合成され，RNAがもつ情報によってタンパク質を合成するようになった。DNAが遺伝情報をもつ世界をDNAワールドという。DNAワールドは現在まで続いている。

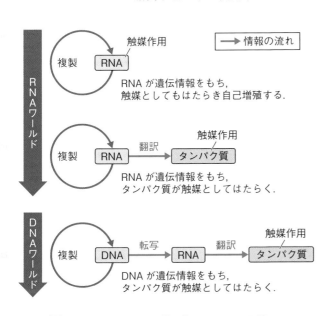

図15·1 RNAワールドからDNAワールドへ

15.2　真核生物の誕生

　　すべての生物の共通祖先を **LUCA**（last universal common ancestor：最終共通祖先）という。LUCA は約 40 億年前に出現した。海が形成された 43 億年前からわずか 3 億年で生物が誕生したことになる。35 億年前には，**細菌** と **アーキア**（古細菌）が分岐し，細菌の中に酸素を発生しない**光合成細菌**も出現した。27 億年前には光合成の過程で水 H_2O を分解して酸素 O_2 を発生する光合成細菌の**シアノバクテリア**が出現し，地球に酸素が供給され始めた。

　　酸素は酸化力が強いため，生物にとっては有害であり，多くの生物は酸素から逃れて生活していた。しかし，酸素を利用すれば有機物から効率よくエネルギーを取り出すことができる。シアノバクテリアは，酸素から発生する**活性酸素**を無毒化する遺伝子をすでに獲得しており，その遺伝子を水平伝播により獲得した細菌から**好気性細菌**が出現した。

　　一部のアーキアは，細胞膜と細胞壁を自在に変形させることができる。細胞膜を凹ませてゲノム DNA を取り囲むと核になり，**真核生物**が生じた。また，取り込んで共生させた好気性細菌がミトコンドリアになった。さらに，シアノバクテリアを取り込んで共生させると葉緑体になり，藻類や植物が生じた。

　　細菌を取り込み，共生させることにより細胞小器官を獲得して真核生物が出現したとする考えを**細胞内共生説**という。真核生物は多細胞化して，細胞を分化させ，複雑で精巧な体を獲得して進化していった。

15.3　分類の階層

　　生物の分類は，進化の研究に重要である。分類の基本となる単位は**種**である。種は，交配により生殖能力をもつ子が得られ，他種とは生殖的に隔離されている自然の個体群と定義される。よく似た種をまとめたものを**属**という。さらに上位のよく似たグループを順に並べると，**科**，**目**，**綱**，**門**，**界**，**ドメイン**となる。

　　生物が進化により分岐した道筋を**系統**という。分岐してからの時間が短いほど共通性が高い。進化の道筋にもとづき分類することを**系統分類**といい，系統を表す図は幹から枝が分かれるように見えることから，**系統樹**とよばれる。ゲノム DNA の塩基配列やタンパク質のアミノ酸配列は，近い系統ほど似ている。塩基配列やアミノ酸配列の違いは，分岐した年代を推定する手がかりとなるため，配列の経時的変化を**分子時計**とよぶ。

　　配列の違いにもとづいて作成された系統樹を**分子系統樹**という。最も大きな分類をドメインといい，rRNA の塩基配列にもとづき，細菌ドメイン，アーキアドメイン，真核生物ドメインの 3 つに分かれる（図 15·2）。これを 3 ドメイン説というが，最近のゲノム解析によると，真核生物はアーキアドメインの中にあることが示され，2 ドメイン説が有力になりつつある。

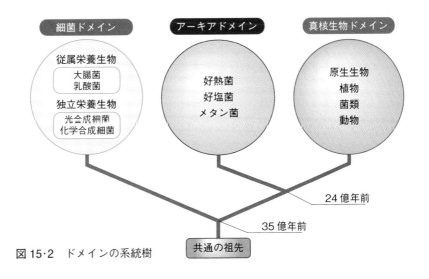

図 15·2　ドメインの系統樹

> **参考 15.1　ヒトの分類**
> 　ヒトは，ヒト，ヒト属，ヒト科，サル目，哺乳綱，脊索動物門，動物界，真核生物ドメインと分類される。

15.4　変異と進化

　集団内の遺伝的性質の変化を**進化**という。進化は DNA の塩基配列の突然変異による。突然変異の多くは，生存や繁殖に不利にはたらくか，影響しない。突然変異した個体や集団は**自然選択**により選別される。不利な変異をもつ集団は競争に負け，排除される。まれに，有利な突然変異を生じると競争に勝ち，集団内に広まる。

15.5　種　分　化

　ある生物種から，別の生物種が生じるには遺伝的交流が起こらない状態になる必要がある。地殻変動により大陸の一部が島になったり，高い山が生じて障壁となったりして，集団が隔離されることを**地理的隔離**という。地理的隔離が起こると，それぞれの集団に，異なる遺伝的変化が蓄積され，やがて交配ができなくなる。これを**生殖的隔離**といい，生殖的隔離が起きれば新しい種が形成されたことになる。これを**種分化**という。

15.6　遺伝的変異と表現型の変化

　DNA の塩基配列の突然変異は無作為に起こるが，表現型は無作為的に変化することはない。遺伝子には構造遺伝子と調節遺伝子があり，調節遺伝子は他の遺

伝子や，自分自身の発現を調節するはたらきがある（図 15・3）。

　細胞の構造は構造遺伝子のタンパク質で構成されている。構造遺伝子の保存領域に突然変異が入ると機能を失う場合が多く，その場合は細胞の機能低下，機能喪失が起こり，生存に不利になり，自然選択により排除される。進化は主に調節遺伝子と，その標的遺伝子の転写調節領域の突然変異によって引き起こされる。調節遺伝子や，その標的遺伝子の転写調節領域に突然変異が生じても，構造遺伝子が機能していれば，でたらめな構造の生物が生じるわけではなく，タンパク質は自律的に細胞を構成し，細胞は自律的に組織や器官，個体を形成する。調節遺伝子の変異や，その標的遺伝子の転写調節領域の突然変異は，個体の形態や器官の機能に影響を与える場合が多く，さまざまな形態や機能をもつ生物が生じる。自然選択を生き残り，生殖隔離が起これば，新たな種となる。

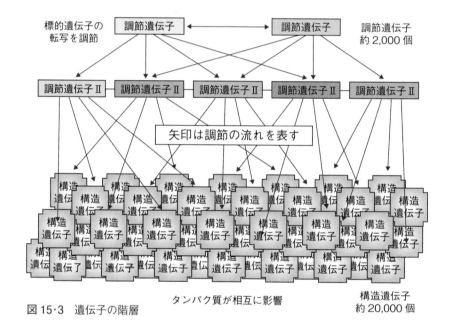

図 15・3　遺伝子の階層

コラム 15.1　ダーウィンのジレンマは解かれた

　進化は，遺伝子のランダムな突然変異の積み重ねで起きる。しかし，遺伝子の情報を文学作品になぞらえてみると，進化はありえないと感じるだろう。ランダムに文字を置き換えても，作品が進化するどころか，いずれ意味を失う。生物がもつ遺伝子の塩基配列をランダムに変化させても，それ以上，優れた遺伝子ができるとは思えず，進化はできそうもない。これを「ダーウィンのジレンマ」といい，長い間議論されてきた。しかし，近年の遺伝子科学と発生生物学の発展により「ダーウィンのジレンマ」は解かれた。

　突然変異はランダムに生じるが，生存に不都合な変異は自然選択により取り除かれ，有利な突然変異だけが子孫に受け継がれていく。進化を可能にするのは，タンパク質による自律的な細胞の形成と，細胞による自律的な組織・器官・個体形成であり，遺伝子発現調節にかかわる調節遺伝子が変異しても，生物としてつじつまが合う構造をつくる。遺伝子発現調節遺伝子のランダムな変異により，さまざまな形態が生み出され，新たな形態を獲得した個体の中には自然選択をかいくぐって繁栄するものもいる。タンパク質と細胞の自律性が遺伝的変異による進化を可能にしている（参照：『進化生物学―ゲノミクスが解き明かす進化―』裳華房，2021 年）。

参考 15.2　生体物質は自律的に細胞を形成する

　リボソームで合成されたタンパク質には，タンパク質の行き先を示す選別シグナル（☞p66）があり，選別シグナルの情報を認識して結合するタンパク質が，バトンを引き継ぐようにタンパク質をそれぞれの細胞小器官に運び，細胞を自律的に構成する。

　実験的にも，細胞を構成するタンパク質などの要素が細胞を自律的に構成することが示されている。アフリカツメガエルの卵細胞の破砕抽出液は，単なる物質の集合であるが，エネルギー源として ATP を添加すると，約 30 分間で自律的に直径 300 〜 400 µm の細胞様構造を構成する。この抽出液に細胞膜を除去した精子核を入れると，形成された細胞様構造は細胞分裂を繰り返す（☞p67）。

　タンパク質の自律的な複合体形成は，バクテリオファージの構築を例にとるとわかりやすい。バクテリオファージを構成するタンパク質は約 70 種類ある。バクテリオファージが感染した大腸菌から抽出したバクテリオファージのタンパク質を，試験管の中に入れておくと何も起こらない。タンパク質は互いに無関係で，複合体を構成することはない。しかし，そこにバクテリオファージのゲノム DNA を入れると，ゲノム DNA の特定の塩基配列を特定のタンパク質が認識して結合し，それをきっかけに複数種類のタンパク質が協調して自律的にバクテリオファージの構造を構成する（図 15·4）。

　このように，生命はタンパク質などの物質の自律的組織化によって成り立っており，原始地球で起きた化学進化から生命誕生までのプロセスは，現生の生物にも引き継がれている。

15章 生物の系統分類と進化

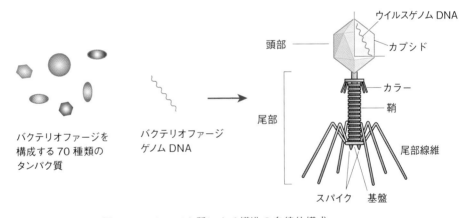

図 15·4　タンパク質による構造の自律的構成

参考 15.3　細胞が自律的に形成する個体

　細胞も自律的に組織や器官をつくる。正常に発生したカエルの胚の中には神経管があり，その周辺には中胚葉，最も外側には表皮が配置されている。カエルの原腸胚を単細胞にまで解離し，再集合させると，ほぼ正常に近い構造が再構成される（☞p46：図6·11 参照）。カエルに限らず，ウニや他の動物も同様である。

参考15.4　突然変異と形態の変化

　ショウジョウバエのHox遺伝子の1つのアンテナペディア（*Antp*）は，肢や翅をもつ第二胸部体節の形成にかかわる（図15・5上）。*Antp*の転写調節領域が突然変異し，体の前端部でも発現するようになると，本来は触角ができるところに肢が生じる。第三胸部体節では，ウルトラバイソラックス（*Ubx*）が発現し，*Antp*の発現を妨げることにより，肢と平均棍が形成される。しかし，*Ubx*が機能を失うと第三胸部体節でも*Antp*が発現し，第三胸部体節に翅が形成され，翅を二対もつハエとなる（図15・5下）。

　この結果は，転写調節を行う遺伝子に突然変異があっても，細胞はでたらめな構造をつくるわけではなく，それなりにつじつまが合った組織や器官をつくることを意味している。体づくりの指揮系統の上位にある遺伝子が，正常とは異なる指令を出しても，細胞は生物として成り立つ構造をつくる。翅が二対あるハエは異常かもしれないが，トンボやチョウは翅が二対ある。

　環境に適応すれば，あるいは環境が変化して，正常な個体よりも適応力が高ければ，自然選択により個体数を増やす可能性がある。進化はこのように，容易に起きてきた。

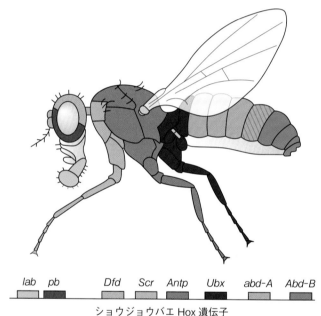

lab　pb　　Dfd　Scr　Antp　Ubx　　abd-A　Abd-B
ショウジョウバエHox遺伝子

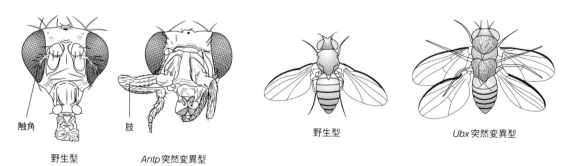

触角　　　　　肢　　　　　　　　　　　野生型　　　　　　　　*Ubx*突然変異型

野生型　　　*Antp*突然変異型

図15・5　ショウジョウバエのHox遺伝子とその変異による形態の変化

参　考　書

　本書の本文は，大学生の教養として必要最小限の内容に絞っている。参考，コラムで発展的内容を紹介しているが，生物学の世界は広く深い。読者がさらに学習してくれることを期待して，以下に参考書を挙げた。

Alberts, B. ら（中村桂子ら 訳）（2017）『THE CELL　細胞の分子生物学』第 6 版，ニュートンプレス

Gilbert, S.（阿形清和・高橋淑子 訳）（2015）『ギルバート発生生物学』メディカル・サイエンス・インターナショナル

Campbell, N. A.（池内昌彦ら 監訳）（2018）『キャンベル生物学』原書 11 版，丸善出版

赤坂甲治（2019）『遺伝子科学』裳華房

赤坂甲治・大山義彦（2013）『遺伝子操作の基本原理』裳華房

山本 卓（2018）『ゲノム編集の基本原理と応用』裳華房

山本 卓編（2016）『ゲノム編集入門』裳華房

Carroll, S. B. ら（上野直人・野地澄晴 監訳）（2003）『DNA から解き明かされる形づくりと進化の不思議』羊土社

赤坂甲治（2021）『進化生物学』裳華房

Kirschner, M., Gerhart, J.（赤坂甲治 監訳）（2008）『ダーウィンのジレンマを解く』みすず書房

「新・生命科学シリーズ」裳華房
https://www.shokabo.co.jp/series/704_sinseimei.html

索　引

著者略歴

あか さか こう じ
赤 坂 甲 治

1951 年　東京都に生まれる
1976 年　静岡大学理学部生物学科卒業
1981 年　東京大学大学院理学系研究科修了（理博）
1981 年　日本学術振興会奨励研究員
1981 年　東京大学理学部助手
1989 年　広島大学理学部助教授
　この間，1990 年〜1991 年米国カリフォルニア大学バークレー校
　分子細胞生物学部門共同研究員
2002 年　広島大学大学院理学研究科教授
2004 年　東京大学大学院理学系研究科教授
2017 年　東京大学名誉教授
　2017 年〜2022 年　東京大学大学院理学系研究科特任研究員

著　書
「ウィルト発生生物学」（東京化学同人，2006，監訳）
「ダーウィンのジレンマを解く」（みすず書房，2008，監訳）
「新版 生物学と人間」（裳華房，2010，編著）
「遺伝子操作の基本原理」（裳華房，2013，共著）
「遺伝子科学」（裳華房，2019）
「進化生物学」（裳華房，2021）

新 し い 教 養 の た め の 生 物 学（改訂版）

2017 年 2 月 15 日　第 1 版 1 刷発行
2022 年 3 月 15 日　第 2 版 4 刷発行
2023 年 11 月 15 日　改訂第 1 版 1 刷発行

検 印
省 略

定価はカバーに表
示してあります.

著 作 者　　　　赤 坂 甲 治

発 行 者　　　　吉 野 和 浩

発 行 所　　東京都千代田区四番町 8-1
　　　　　　電 話　03-3262-9166（代）
　　　　　　　　　　郵便番号 102-0081
　　　　　　株式会社 裳 華 房

印 刷 所　　株式会社 真 興 社
製 本 所　　株式会社 松 岳 社

一般社団法人
自然科学書協会会員

ISBN 978-4-7853-5246-2

Ⓒ 赤坂甲治, 2023　Printed in Japan

裳華房ホームページ　**https://www.shokabo.co.jp/**　　※価格はすべて税込（10%）